目次

六　東京で新しい出発　124
アルメニア人サゴヤン　124
麹町区平河町　130
ローマイヤー・ソーセージ製作所　132
ロースハムの発明　134
一目ぼれ　138
関東大震災　142
弟子は語る　144
エミーさん　148
夏の日の再会　151

七　それぞれの戦線　156
西部戦線の敗残兵　156
東部戦線からの脱走兵　160
青物横丁　162
シレジアの老いた父　167
エミール・スクリバ逝く　169

戦争のない所で生きたい 170
八 ゲシュタポ 特高 憲兵隊の時代 176
リヒアルト・ゾルゲ 176
暗い日々 184
仙石原への疎開 187
細 雪 188
バタビア婦人とヴァイオリンを弾く 189
ドイツの水兵が勤労奉仕 193
九 日はまた昇る 197
品川の春 197
地球の上に朝が来て 201
幸せの旅 206
港が見える丘 212
エピローグ 217

参考文献　223
ご協力いただいた組織と個人　228
あとがき　230

装丁／中嶋デザイン事務所

ロースハムの誕生――アウグスト・ローマイヤー物語

序 ― 青島（チンタオ）

膠州湾の上で秋の夜が明ける。

夜行列車は一二時間山東省を走りぬけて、青島に到着した。

前夜発った北京の駅は、名状しがたくごった返していた。

「間に合うの？」

私たちはひたすら「隊長」ヴォルフガング（当時独大使館勤務）に従って、人ごみをホームへ向けて突進した。外交官の友人を隊長と呼ぶのは、彼はバイエルン出身なのに、プロイセンの将校みたいな立ち居振る舞いをするからだ。ミュンヘン大学の学生だった頃に比べると、国防軍の予備将校でパラシュート部隊の佐官となった今、かなりプロイセン風を帯びてきたような気がする。これは通常（日本の陸軍を育てた）「ドイツ風」と思われているものかもしれないが、かつて独自の王国であった南ドイツのバイエルンでは、このスタイルはいまだにある種「外国風」なので、「プロイセンみたい」という形容詞がついてしまう。

ドイツ帝国に与したとはいえ、バイエルン王国が最終的に崩壊したのは第一次大戦敗戦後のことだ。とはいえ、このプロイセン風のお陰で、私たちはあの人ごみをかきわけて青島行きの列車に間に合ったのだから、バイエルンを口に出すのは往生際が悪いかもしれない。

人、人、人、荷物、荷物、荷物、わからない言葉、駅の騒音。

夜の北京駅の「行軍」は、今も鮮烈に記憶に残っている。

寝台車に転がり込む。列車が動き出す。

すぐ車掌が現れてパスポートを持っていく。明日返してくれるという。

「青島行きですね。チンタオ……チィンダァオ……」

答えはなかったが、ちがっていたら「ブウ（不）……」とか、言われただろう。

北京のスモッグは凄まじく、気管支の弱い人間にはことである。

「『情けない咳をするな。ちゃんと、コンコンコンとやれ』だって、兵隊でもないのに。」

私も、北京以来とれない咳をする度に、「隊長夫人」真理子さんの仕草を思い出す。

「大佐殿、自分は今から咳をするであります。」

「隊長」夫妻とは学生時代から三〇年余り、ドイツで最も古い友達である。北京駐在の「隊長」と真理子さんに夜行列車の切符や宿を手配してもらった青島行きであった。

覚めやらぬ膠州湾を右手に、列車はゆっくりと東に回り、青島の駅へと徐行した。

駅は海の方を向いている。手前は青島湾、沖は黄海。夜通し起きていたような夜汽車の眠り。開ききらぬまぶたを朝の光が刺す。ねぼけ眼に、元ドイツの租借地の面影が映る。戦災や増改築による変貌にもかかわらず、「ドイツ風の都市計画の恒久性」が歴然としている。

「こんなに変わってもドイツが残るんだねえ。」

青島まで来て、「ケンタッキー・フライド・チ……」でもないもんだが、駅の周辺ではそんな場所でしかコーヒーが飲めない。四人用の洗面所に八人くらい入ってワアワアやっている夜行列車の洗面所。トイレは二つ前の駅から鍵をかけられてしまっていた。

駅を出た私たちには、平和時に当たり前の人間として一日を始める前提に欠けていた。無粋ではあるが、「ケンタッキー・フ……」なら、コーヒーも洗面所もある。

うすいアメリカンでも、コーヒーが喉に染みれば、目覚めの海が青い。

青島湾に長い桟橋が突き出ている。桟橋は小さい東屋で終っている。それが、前海桟橋の八角亭で、その先の小島は、右手の公園と橋でつながっているように見える。黄海に浮かぶその緑の島が小青島で、古いドイツの地図にアルコーナ・インゼルと書かれている島だ。日本では一時、（軍人の名にちなんで）加藤島と呼ばれた。貧しい漁村「膠澳」が青島と呼ばれるようになったのは、常に緑に覆われていたこの島の対岸辺りからだという。

誰が言い出したかわからないが、「青島」が正式地名になったのは、ドイツの占領後、一八九九年一〇月一二日に皇帝の裁可を受けて、海軍大臣ティルピッツが公布して後のこと。

だが、古い名前は、その後も使われなかったわけではない。

青島のドイツ迎賓館。（提供：青島砲台遺跡展覧館）

状態はともかく、青島には、ドイツ風の家がたくさん残っている。

迎賓館といわれるドイツの総督官邸（一九〇五完成）は、三代目の総督フォン・トゥルッペルがお金をかけ過ぎて本国の政府から大幅に減俸され、帰国の原因にもなったというものだが、ドイツ・ロマン主義の人工的廃墟に通じるものがある。歴史主義建築といえばいいのだろうか、いろいろな様式が入り組んで、土の中からモリモリと盛り上がってきた感じの変な建物だが、中にはヒストリズム、アールヌーヴォーなどがあって、外側よりは親しみを感じさせる。毛沢東の寝た寝台のある客間には、主席の写真がかかっている。ひっきりなしに訪れる中国人の団体は、説明を聞いてなんと思っているのだろう。

だれが弾いたか、スタインウェイのピアノがひっそりとたたずんでいた。

租借地時代に残したドイツ帝国海軍関係のものであ

青島迎賓館のパーティ。（提供：青島砲台遺跡展覧館）

るにちがいない。

だが、私たちの宿「山西省人民政府駐山東亦事処青島接待中心」という公共の家では、きいてもラチがあかなかったので、道にいくらでも走っているタクシーをつかまえた。

ところが、若い頃習ったという夫の中国語（?）と、私のいい加減な筆話がたたって、まず連れて行かれたところは、新しい中国の「海軍博物館」だった。洗濯の利いた水兵服を着た若い番兵が立っている。

「こういう感じの所ではないような気がする。」

そこで、徳国（ドグゥア）、つまり「ドイツ」を連発し、四肢を駆使して、ドイツ兵が戦って負けるしぐさをしてみせた。水兵が数人、変な顔をして見ている。

行ってしまおうとするタクシーの運転手を引き止めて、今度は絵入りの筆話。

「わかった！　乗れ！」（と言ったのだろう）

二人の旅行者を乗せた車はUターンして、坂道に向かい、違反直前の速度で曲がりくねった坂を上がり、「青島砲台遺跡（字は少し違う）展覧館」というコンクリの博物館のような建物の前で止まった。それらしい空気に、「謝謝」を繰り返して、入館した。

「暗いな。」

スイッチを入れる音がする。人が入ってきたので電気をつけてくれたのだ。

やっとわかる英語を話す青年が出てきて、展示されている写真の説明をしてくれる。

「ドイツと日本の」植民地主義の話を聞くようになるのは当然だ。

放置されたり踏みつけられたこともあるかと思うほどに、写真の状態は悪い。

一八九五年、中国（清）は侵略戦争（日清戦争）に負けて、下関条約で国土の割譲と莫大な賠償金（約三億円）を要求された。これに対し露、仏、独の三国干渉があり、遼東半島は日本から中国に返還され、ドイツは中国に恩を売った形になった。植民地獲得で列強に遅れていたドイツが、貿易路の確保のために海軍基地網を築こうとしていた矢先の一八九七年一一月一日、山東省でドイツ人宣教師二人が殺された。これが攻撃の口実になって、同年一一月一四日の早朝、ドイツ帝国の東洋艦隊が青島沖に現れ、うまく上陸するや否や、中国の鎮守府長官に三時間以内に青島からの撤退を迫ったのである。無謀なやり方だった。

宣教師事件和解後の一八九八年三月、ドイツは独清条約を結び、膠州湾を九九年清国から租借統治することになる。これがこのまま続いていたら、一九九八年まで中国には香港のような都市がも

現在の青島。昔のドイツ風の街のうしろに建つ新しいビル。（2004年、著者撮影）

う一つあったことになるはずだったが、そうはいかなかった。

青島が東洋の真珠といわれる美しい都市になった一九一四年、第一次世界大戦が勃発したのである。そして、その年の八月、英国の要請を受けて出動した日本の艦隊が、圧倒的勢力でドイツを降伏させ、青島を含む山東省一帯の統治権を得た。これは、日本による本格的中国侵略のきっかけを作った。それから、山東出兵（一九二七）、済南事件……日中戦争と、青年の話は続いた（ジャパニーズ・イングリッシュとチャイニーズ・イングリッシュのコミュニケーションだったという但し書きは要るだろう）。

熱心に案内を受ける私たちの顔を見て、青年は突然「どこから来たか」ときいた。

「エッ！　ドイツ人と日本人!? 敵同士だったんじゃありませんか。それが夫婦！」

「昔の敵は今日の友って、中国では言いません？

ドイツ軍地下壕跡。入口。(2004年、著者撮影)

それに私たち軍人じゃない。帝国主義者でもない。貴方と同じ普通の人。貴方も、二人の敵の前にいる気しないでしょう。」

「そうですね」、青年は、アッハッハと笑った。

私たちも「そうだそうだ」と盛り上げて陳腐な打ち上げになりそうだったが、見学は続いた。

「車で上の方につれていく。もうすぐ閉まるから、急がなければならない」と言われ、外にあった小型バスで山の上まで登った。

「閉まる前に出ないと、今晩地下で過ごすことになるから注意してください。」

「エッ、地下で!」

その通り、私たちはビスマルク砲台の前に立っていたのである。「一八九九年完成」と書いてある。私たちのほかに入場者もいない。

ここはドイツ統治時代(一八九八〜一九一四)、「ビスマルク高地」と呼ばれ、日本が対独戦争に勝つと

ドイツ軍の砲台跡。（2004年、著者撮影）

砲台プレート。

（一九一四）「万年山」になり、一九二二年に中国が取り戻して「京山」と命名された。一九八六年に閉山。二年間かけて整備され、「青島山公園」の名で一般公開されたという。

「よく掘ったねえ。」

壕の廊下の両側にいくつもの部屋があり、ドイツ軍人の人形も置かれている。

司令室、将校室、医務室、兵の仮眠室、通信室、機械室などなど……所々に電気がつき、全て冷たく湿っている。壊れて錆びた鉄製のベッド。かびに覆われた椅子のカバー。

「ローマイヤーもこの地下壕にいたことがあるかしら？」

「幽霊屋敷みたいだね。」

廊下は長四角に続き、さらに掘ってある所は倉庫だったか。外からパイプで引かれた水のポンプがある。こんな場所での負け戦の末期を思うと憂鬱になる。

でも、第二次大戦末期の沖縄の壕から見たら、ここは邸宅だな。

悲しい比較に我ながら鳥肌が立つ。やがて寒さも増し、遺跡の閉まる時間が近づく。

外へ出た。太陽が西に傾いたとはいえ、地上は明るかった。

地下壕で一晩過ごす心配がなくなると、元気が戻って、もう少し登る。頂上では、なんと昔のままのビスマルク砲台の黒い鋼が午後の陽を鈍く反射していた。六トンの鉄を使った砲台。お椀の半分くらいの丸屋根に銃眼が細長く開いている。鉄の扉を閉めている銃眼もある。それはふくらみをもった四角い台の上にのっている。

戦跡というものは、見る度に「なんのために」と思わせられるもので、私には戦争の後さらに英雄物語を語ったり書いたりする人の気持がわかったためしがないのだ。

では、なぜ私は青島のビスマルク砲台に立ったのか。砲台が見たかったからではない。こんなものが残っていることさえ知らなかった。ここに来たのは、ここから日本に輸送された約五〇〇〇人のドイツ人捕虜の一人アウグスト・ローマイヤーの生涯に近づきたかったからである。

「捕虜番号三五〇二　アウグスト・ローマイヤー　膠州湾海軍砲兵隊上等水兵　久留米収容所、ブレーメン出身」、これ以外に当局に保管されているデータはない。

青島の海岸へ降りて、砂と波にもまれた貝を拾う。

「テアさん、これはお父様が歩かれたかもしれない青島の砂浜で見つけた貝です。」

貝をドイツへ送る。テアさんは、ローマイヤーの三人の子供のうち唯一存命の長女である。

一　だれがロースハムを「発明」したのか

お腹をすかしていたあの頃、

「始めは大変だったのよ。日本人はハムやソーセージを食べなかったでしょ。」

テアさんは、そう言ってお父さんを懐かしんだ。

彼女の父親アウグスト・ローマイヤーは、一九一四年、日本軍が陥落させたドイツの租借地青島から来た捕虜で、解放後帰国せずに東京で食肉加工を始め、日本の食生活が変わるきっかけの一つを作った人である。日本における食肉加工の歴史はもう少し古いが、その歴史に加速がかかったのは、第一次大戦後、ドイツ人捕虜の残留した時代であった。

現代人には、ハムやソーセージを食べなかった日本なんて、ピンとこないだろう。だが、われわれの今の食生活は、せいぜい三〇年くらい前からのもので、四〇年前にはまだ、ハムやソーセージを知らない日本人がたくさんいたのである。その頃、乾物屋さんには、真っ黒になるようなハエ取りのひもが下がっていたり、丸いガラスのハエ取りがおいてあったりして、（今ドイツにいて思い出すと懐かしい）メザシや干物、竹輪などの側に、ほぼウィンナーやフランクフルターの形をした魚の「ソーセージ」が並んでいた。

かすかに「豊かさ」の前奏曲さえ聞こえ、さらに二〇年ほどさかのぼる飢えの時代を思えば天国のような世の中になっていた。第二次世界大戦中の日本兵は、戦闘より飢餓と病気で逝ったという。その悲惨さを知れば、自分の幼児の頃の空腹を思い出すのさえ控えめになる。とはいえ、あの空腹はたいしたもので、いまだに食べ残しに罪悪感を覚えるほどだ。

乾物屋のハエはいろいろなことを思い出させる。

たとえば、四〇年前の東京では、一般の家庭は汲み取り式のトイレが普通であった。私が通っていた青山の高校はピカピカの新築で水洗だったが、同じ頃、N響で弾いていた世田谷のバイオリンの先生の家は、汲み取り式。世田谷では普通だった。

一九六七年に日本を出て三年後に帰国すると、牛込のおばあちゃんが、河童坂周辺一帯の水洗化が決まったので、少しお金がかかったけれど水洗便所がついたと言った。戦後の焼け野原で、カボチャやトマトを作っていた祖母である。当然、肥料は「有機」だった。

大学まで私が住んでいた四谷では、台所の下水を使った水洗様式の「お便所」のある家があったけれど、通常は「従来風」、牛込の中学校にも定期的に汲み取りの車が来ていた。

食べ物の話から消化後の話に急降下してしまった。ハエのせいにしよう。

今、ヨーロッパで私と同年代の日本人と一緒に食事して、ハエが一匹でも飛んで来ようものなら大騒ぎになる。「まあ、ハエがいるのね。」なんて言いながら、有機野菜を食べられたりすると、ふと思い出すのは、あの頃。この人たちも、当然、空腹を抱えてドブを飛び越えた子供時代があったはずなのに、いつの間にそんな気取りが身についてしまったのだろう。

しかも、この空腹こそわれわれに力を与えてくれたものなのである。

今、先進工業国で空腹の話をしても、身にしみる人は少なくなってゆく。だが、そんな幸せな人々は人類全体の一握りなのだということを考える人はもっと少ないかもしれない。

ロースハムは日本にしかないのです

昭和一七年生まれの私が最初に見た肉は、進駐軍のコーンビーフだった。

小学校に入学する頃、年に何回かの「すきやき」があった。

これでさえ、当時としてはぜいたくなほうだったのではないだろうか。

「お父さんが食べるすき焼き用の肉を下さい。」

奥多摩から青梅まで肉を買いに行かされた小学生には、夕食が楽しみな青梅線だった。

たまに父が射止めて、ジャーマン・ポインターが口にくわえてきた雉の鍋があった。

思い出してもかわいそうな賢い犬と別れて都心に転校すると、当時小学校ではまだ珍しかった給食に、キャベツとひき肉の炒めものがあった。牛込の中学の家庭科で「メ(ミ)ンチカツ」というハンバーグの作り方を習った。だが、魚のソーセージも今は懐かしい。

新宿のデパートの食品売り場でロースハムを見た。それは高級品であった。

この高価な「ロースハム」が誕生したのも、空腹と苦労からであったなんて思っても見なかった。日本にとどまる決心をした一人のドイツ人が、この国の状況に従い、自分も生きるために、また生きるために彼を頼ってきた日本人と力をあわせて発明したものだなんて考えもしなかったし、その人は、第一次世界大戦の捕虜だったということも知る由もなかった。

現在、日本でロースハムは、ハムの代名詞のようにさえなったが、実はこれ日本にしかないものなのである。今、私は千種類以上のハム・ソーセージのある国に住んでいるが、ここにも「ロースハム」というハムはないから、訳語に苦労する。これは、一九二一年にドイツ人アウグスト・ローマイヤーが当時日本で手に入る材料を工夫して作った祖国にもない「ハム」だったのである。ローマイヤーは、それまでの五年間、あるもので工夫に工夫をかさねた捕虜収容所の台所を手伝っていた。食生活の違いには厳しいものがあったし、そこで口にした「ソーセージ」なるものは、彼がドイツで食べたそれとは、似ても似つかぬものだったのである。

彼は、中国の青島から輸送され、五年間を久留米の捕虜収容所で過ごした(今はない)ドイツ帝国海軍の水兵だった。海軍に入隊する前に、肉食加工の職人の修行を終えていたが、その職業を選んだのも、貧しかった少年の空腹が原因していたのでなければ、なんだっただろう。

まさか、そのまま戦争に巻き込まれるとは夢にも思わず、未知の世界への憧れにかりたてられてタラップを上ったのだった。

ロースハムには、「あるドイツ人の生涯」が潜んでいるのである。

二　ローマイヤーの生い立ち

詳しい地図を持ってきてください

アウグスト・ローマイヤーは、一八九二年六月一九日に、ヴェストファーレン（現在のノードライン・ヴェストファーレン州）のファール（Varl）に生まれた。

ファールがどんなところかを知るには、少し詳しい地図が必要だ。

ヴェーゼル川が流れるヴェーザーベルクランドを見よう。

ファールは現在ラーデン（現在人口一七、〇〇〇人）という町の一部になっている。ラーデンは、ミンデン・リュベッケ郡に属している。ミンデンは「グリム童話」に出てくるヴェーゼル川沿いの古い都市、八世紀にカール大帝が聖堂を作らせ司教区としてから、聖堂の周りに商人の町が発達した。そこから、二五キロくらい西に、やはり教会を囲んで発展したリュベッケ（現在人口二六、〇〇〇人）があり、近くに、同じ八世紀にカール大帝（カロリング朝）がザクセン（サクソン）軍を破った古戦場がである。

ローマイヤーの生まれたファールに行くには、ハノーファーからアウトーバーンを西へ、オスナブリックの方へ向かい、「笛吹き男の」ハメルン行きの出口を左目の隅で見て過ぎ、バード・オイエンハウゼンで国道に降りミンデンへ、ミンデンから西へ曲がると、リュベッケまで約一五キロ、リュベッケからさらに一五キロ北上してラーデンに入ったら、ファールがどこか大概の人は知っている。ラーデンは現在人口一八、〇〇〇人の静かな町、ローデン（開墾する）という言葉から派生したラーデンという土地の名の最初の記載は一一世紀である。河川や湿地帯に囲まれた島のようにそこだけ乾燥した一角で、ケルト人のともゲルマン人のともいわれる大岩の墓石群が発見されている。

エスニック・サラダ

この辺りに最初に住んだのはケルト人だった。そこへゲルマン系ザクセン人が来た。八世紀にはゲルマン系フランク人のカール大帝に征服され、フランク王国の一部になったが、大帝の孫たちが王国を東フランク、西フランク、中部（南）フランクの三つに分割すると、東フランク王国に組み入れられた。この東フランク王国が、のちの「ドイツ」、または神聖ローマ帝国の母体である。一度降参したザクセン人も反撃して王や皇帝を出し、その他のゲルマン諸族と戦いや和解を繰り返し、北のアングロ族とイギリスに渡っていわゆるアングロ・サクソンになった集団もあったが、現在に至るまで中欧の複雑な歴史を頑強に生き抜いてきた。現在の統一ドイツにも、ザクセン（州首都ドレスデン）、ザクセン・アンハルト（州首都マグデブルグ）、ニーダーザクセン（州首都ハノーファー）などの州にその足跡を見ることが出来る。今のイギリス王家もザクセン系ドイツ人で、ウインザーはドイツ語「ザクセン・コーブルグ・ゴータ」の英語読みを改名したものである。

アウグスト・ローマイヤーもザクセン人だろうか。

欧州の真ん中では、いろいろな人が往来し、離村したり移住してきたり、入植したりさせられたり、ドイツ系の人たちも各地に散ったので、人種や民族の問題は複雑である。

しかも、この辺りからプロイセンに至るまで、一七世紀の後半に（フランスの）ユグノー戦争（カソリックとカルヴァン派新教徒の戦い）を逃れたユグノー派（新教徒）フランス人と、ピエモント（イタリア北西部アルプス山岳地帯、映画「にがい米」の舞台）のヴァルド派（ローマ教会制度に反対したヴァルドの信者）がたくさんやって来て村や町を作っているので、ラテン系との混血も少なくない。

名前だけなら、「ローマイヤー」からユグノー派フランス人を感じさせるものはない。

マイヤーは、ラテン語のマイヤー・ドームスとか、マイヤー・ヴィリクスを語源とし、荘園や農園などの奉公人の頭、つまり管理人というような意味で、フランス語のメェヤー（市長）や英語のメイヤー（市長）も同じ語源という。ドイツ圏では、カール大帝の時代、征服した土地に「マイヤー（管理人）」を置いたので、特にニーダーザクセン、ヴェストファーレン、バイエルンにマイヤーが多い。ミンデンやオスナブリックの司教も荘園などをマイヤー（管理人）に任せた。ミュラー（粉屋、水車小屋）は、村や町のはずれに大概一軒ということになっていたが、マイヤーは、土地によっては何人もいるので、区別するために前つづりがついた。ブロックマイヤーは湿地帯や沼の側のマイヤー、ディークマイヤーは池や堤防の側のマイヤー、バッハマイヤーは小川の側のマイヤー、フェルドマイヤーは野原や畑のマイヤーといろいろあるが、ローマイヤーはなめし用の樹脂の木の茂みの側のマイヤーとか、森の中の空き地のマイヤーという意味なのだそうである。名前の出自はこんなものだ。

ただし、ユグノー派の娘がザクセン人と結婚してできた子は、ドイツ語の苗字を持っているから、中欧では、「純粋な……」は難しい。つまりローマイヤーにフランスの血が混ざっていないとは、断言できないのである。

夢は今もめぐりて

「お父様（アウグスト・ローマイヤー）の生まれた家はありますか？」

テアへ（唯一存命の娘）さんに、ファールの郷土史家フリーダ・ヴァルナーさん（故）を紹介してもらった。ヴァルナーさんは保存のいい文化財級の立派な木組みの家に住んでいた。

「ローマイヤーの家はもうないけれど、あった所に行ってみましょう。」

ヴァルナーさんの後をついてゆく。

近くで、フォルシュタイン種の牛がかたまって草を食べていた。

「ここだったはずです。」

そういわれた敷地には、新しい家が建っていた。

残っているのは、おそらく昔とほぼ同じ土の庭と、古い井戸と、その周りで遊んでいたに違いない少年の夢だけである。シデの垣根から蜂のような虫が一匹飛び出した。

耳に聞こえてくるざわめき、耳の中を回る蜂の歌は、ブレスラウ（現在ポーランドのブロックラフ）図書館の司書だったホフマン・フォン・ファラスレーベン（一七九八〜一八七四）の詩である。グリム兄弟やリストの友達で、ドイツという国がない時代に国を夢見て、「ドイツの歌（現在その三番が国歌）」を書いた。国民運動の時代の歌とはいえ、この歌は誤解され、誤用され、本来の意味は忘れられた。リュベッケから遠くない所に生まれたファラスレーベンの童謡は、かつて、シレジア（現在ポーランド）でたくさん歌われていた。だが、ドイツ人が追放されたいまでは、次のような童謡を歌う子供も、日本ほどにさえいないだろう。

ブンブンブン　ハチが飛ぶ
お池のまわりに　野バラが咲いたよ
ブンブンブン　ハチが飛ぶ

「せっかく遠いところから来たのに、ローマイヤーの生家はもうなくてねぇ。」

庭の持ち主も家から出てきて、ヴァルナーさんと私と三人で井戸を囲んでたたずんだ。

（井戸の周りでお茶碗かいたの　だぁーれ、だぁーれ、だぁぁぁーれ）

過去が暗く沈む深い底をのぞいていて、心の中で「ローマイヤーさーん」と叫んでみる。

石でできた井戸の周りを這う蔦をよけて、よく見てみればハートが刻んであり、その中に、F・W・L・一八二五と彫られている。ヴァルナーさんの説では、これは、フランツ・ヴィルヘルム・ローマイヤーの頭文字で、井戸はこの年の二月一二日に、フランツ・ヴィルヘルム・ローマイヤー（ファールに婿入りしたアウグストの曽祖父）が長男フランツ・フリードリッヒ（アウグストの祖父）の誕生記念に掘った井戸ということだという。

この祖父が没した（一八九三）時、孫のアウグスト・ローマイヤーは一歳であった。

祖父には五人の子供があって、アウグストの父親は四番目の子で、次男のクリスティアン・フリードリッヒ・ローマイヤー（一八五九～一九三五）である。

長男は家付きの女性と結婚して羊飼いになり、妻の農家を任された。

次男が継いだのが、この井戸のある家だったのだ。

ラーデン町ファールの一二六番地、グレータネンホーフという屋号で、一七六九年の土地台帳にすでに記録されている。この地方の家は、樹を組んで粘土のような土で固めた「ファッハヴェルクハウス（木組みの家）」で、屋根は樹皮でふいてあった。クリスティアンの代になると、かなり古く痛んでいたのだが、他の大概の農家同様、修復したりするお金はなかった。

きっと、「赤頭巾ちゃん」が出てくるような家だったに違いないが、どんなに立っていても、私の前に「よい妖精」が来て、魔法で昔の家を呼び戻すようなこともなかった。

メルヘンの里

井戸の周りで遊んでいる子供たちを思い出してみよう。クリスティアンは、一八八八年に、ドロテー・マリー・ヴェーエと結婚して、次のような五人の子に恵まれた。

長男　ヴィルヘルム・フリードリッヒ（一八八九～一九四二）
次男　アウグスト・ハインリッヒ（一八九二～一九六二）
三男　ヘルマン・グスタフ（一八九五～一九二七）
四男　グスタフ・ハインリッヒ（一八九八～一九六六）
五男　オットー・ハインリッヒ（一九〇二～一九四五）

この次男のアウグスト・ハインリッヒが、日本にロースハムを残した「ドイツ人捕虜」だ。彼までがファールで生まれ、古いヴェーザーベルクランドの木組みの家で祖父の膝に抱かれることも、井戸の周りをはいまわることもあったのである。

ヴァルナーさんの「絵に描いたような」木組みの家、修復されて郷土博物館になっているもう一軒の家が、ローマイヤー家の当時の様子を思わせる。それはメルヒェン街道の案内書にあるような牧歌的な家で、まさに、昔話を語るおばあさんが出てきそうだ。

この地方は、かつて亜麻の産地で、織物が盛んだった。

木組みの家には糸を紡いだり機を織る部屋があり、回る糸車や機を織るのどかな音、たまに通る馬車の轍、表で遊ぶ子供のさんざめきが混じる中で、日は暮れて、明けていた。

一七八七年のミンデン司教区には、一五〇〇もの機織り台が記録されている。

ユグノー派の移民ドロテア・フィーマン（一七五五〜一八一五）が、カッセルの近くのニーダーツヴェーレンでグリム兄弟に昔話を語った時代だ。宿屋の娘だった彼女は、旅人、商人、難民、軍人、負傷して落伍したり脱走した兵隊から様々な地方の話も聞いていた。それはヴェーザーベルクランドで伝えられた話だったが、民話学者はもっと広範囲に源泉を辿るだろう。

紡ぎや機織で思い出すのは、怠け者の娘が三人の醜い糸くり女のおかげで王子と結婚する『三人の糸くり女』、紡錘を指に刺して百年眠り続ける『いばら姫（ねむり姫）』、指から血がにじむほど糸を紡がねばならなかった器量よしの娘が出てくる『ホレおばさん』、ワラを金に織る変な小人『ルンペルシュテイルツヒェン（ガタガタの竹馬小僧）』など、もっとあるかもしれない。

ヘンゼルとグレーテル

ところがアウグストの父親の時代になると、機織の機械が発明され、昔のような家内工業はすっ

ベルクカメンのグスタフ（左から３人目）を訪問。左から４人目はフサ、右端はテア、その隣がアウグスト・ローマイヤー、1954年。（提供：リヒアルト・ローマイヤー）

かりダメになっていた。手に血がにじみ、足が平らになるくらい糸を紡いでも、たいしたお金にはならない。副業だった農業だけでは暮らしていけない。

人々は木の道具を作った。ハンノキやトネリコで、木靴、木の皿、ジョッキ、しゃもじなどを作って売ったのである。だが、こういう物も、もっと安く出来るようになるし、需要も減ったので、アウグストが生まれた頃から、両親はこのままでは暮らしていけないと考えていた。

子供の数が増えたら、どうやって養っていけるだろう（一八八三年、ゴッホは三十もの機織人の絵を描いているが、貧しさを象徴する機織機械の中に閉じ込められているような人々の絵で、ふと同じ時代のローマイヤーの父を思わせる）。

「おじいちゃん」が急にいなくなってしまっ

シレジアの父を訪ねる。2列目左から弟オットー、アウグスト、オットーの妻、ローマイヤーの父クリスティアン・フリードリッヒ、1932年。(提供：リヒアルト・ローマイヤー)

た二歳のアウグストは、その祖父の死が、両親にこの木組みの家を売るきっかけを与えたなどとは知らずに、すでに他の子供たち達と野原に出て行く三歳年上の兄について行ける日を楽しみにしていただろう。

アウグストの両親は、『ヘンゼルとグレーテル』の親のような苦境に陥っていた。農地からの収穫では、日々の生活も成り立たたなかったのである。

グリムが集めた童話は、この地方の人々のこのような困窮を語っている。『ハーメルンの笛吹き男』の子供たちも、もしかしたら、ヘンゼルとグレーテルみたいに……どこへ消えたのか。仮説の中には、間引かれたとか、東方に植民したとか、売られたとか、十字軍について行ったとかとかがあるが、どのみちこのヴェーゼル河畔の貧しい町の話である。

ローマイヤーも、青島まで「笛吹き男について」行ったようなものだ。

『グリム童話』は怖い話だと聞くことがある。怖いというより、これが庶民の生活だったのだ。私は、日本の昔話をドイツ語に訳したことがあって、日本の悲しい話、怖い話を見聞した。どこ(の国)の人も、飢えと貧しさと戦に耐えて、小さな希望を失わずに、運にも恵まれ、そして、したたかに生き延びた人々の末裔なのである。

現在のメルヘン街道は一九七五年に、その名の組織が出来て、昔話やグリム兄弟に関係のあるハーナオ(グリムの生地)から(音楽隊の)ブレーメンまでの六〇〇キロのルートにこの名をつけたので、アウグスト・ローマイヤーの時代にはそんな名の街道はなかった。だが、今でもこの辺りを旅すると、その名の似合う町や村、廃墟や言い伝えに出会い、今は昔の、生の営みがよみがえるようだ。現在の街道からは外れているが、この地方(メルヘン)で産声を上げたアウグスト・ローマイヤーが、修行を終えたのはブレーメンである。

貧しくはあったが、母親のドロテーはしっかり者で、一家の柱だった。

子供を森に捨てるなんてとんでもない。子供たちには自分たちよりよい将来がなければならない。なんとか活路を開かねば……夫婦は思案に明け暮れた。昔話の暖炉にたく薪も少なくなる。アウグストは母の温もりの中で夢を見ている。瞼の重くなった長男を寝床に抱いていく父は、自分も目を開けていられなくなるほど疲れるまで、糸車を踏まねばならなかった。

生きる土地を求めて

アウグスト・ローマイヤーがこの世の光を見る一〇〇年ほど前から、アメリカがヨーロッパの意識に登場していた。ドイツ文化圏からも、たくさんの人が生きる道を求めて新大陸へ移民していった。たとえば、後に最高の富を築いたロックフェラー（ラインランド・プファルツのノイヴィード出身「ロッケンテェラー」）は、すでに一八世紀に出て行った人である。

一九世紀には、一〇〇年に五〇〇万人がアメリカへ渡った。政治的、宗教的理由もあったが、貧困も人々を駆り立てた。ピアノのスタインウェイ（ニーダーザクセンのゼーセンの「シュタインヴェーグ」）や、デニムに金具を使ったジーンズをパテント化したリヴァイ・シュトラウス（フランケン地方のユダヤ系ドイツ人）など、成功したドイツ移民がいるし、悲惨な運命を辿った者もいる。現在「少なくとも半分はドイツ人というアメリカ人」が五八〇〇万人はいるという。

やはり父親が青島で捕虜になって日本へ来たカール・クリューガーの息子ユルゲンさんの住むブレーマーハーフェンの港にある「ドイツ移民の家」は、二〇〇七年に「欧州博物館賞」を受賞したとても興味ある充実した博物館で、新大陸への移民の実態を見せている。

移民には一八一六年から一七年に最初の、一八八〇年から九三年に最後のピークがあった。ファールからも、五〇年の間に、一九〇人近くが、アメリカやブラジルへ出て行った。

これは、当時のファールの人口の五分の一である。

ローマイヤーの両親もアメリカへの移住を考えなかったわけではない。アウグスト・ローマイヤーも青島から捕虜として日本に来ないで、米兵としてドイツに銃を向けることもありえたわけである。だが、彼の両親にとって、アメリカは想像を絶するほど遠かった。

まったくなんのアテもないし、一番安い船賃を払うお金もなかったのである。ここで、ローマイヤーがドイツ人として青島で捕虜になり日本へ来る運命が決定された。実際、アメリカ人になるかドイツ人のままでいるかの違いなんていうのはそんなものだ。

だが、その後の運命には大きな違いが出てくる。途方に暮れている父クリスティアンを訪ねた友達がいて、ポーゼンの話をした。現在ポーランドのポズナンにあたるその辺りは、当時西プロイセンであった。

ここは、かつてポーランドの貴族間の争いが絶えなかったために、ドイツ騎士団が進出したり、チェコのプシェミスル家の干渉や、ハンザ同盟の影響があったりして、複雑で定義の難しいところである。このような歴史は、複数の国で話し合わないと、真実に近い流れは読み取れないだろう。一三世紀には、マグデブルグの都市法で治められていて、ポーランド人の居住地と並行してドイツ人居住地も発達した。ポーランドの歴史ではドイツ人はおしなべて侵略者のように語られていて、一八世紀のザクセン公アウグスト（マイセンの磁器を発明させた人）の改革などが、単に「ポーランド王」の改革になっている。なるべく客観的な歴史を書くためには、国境の両側の国がそういう気持にならなければならない。ドイツの場合は、現代史に重い負担があるから、自己主張は、近隣諸国が自ら客観性の意味を認識するまで待つのが、最も賢い方法のように見える。

ポーランドの弱体化の理由の一つは、「貴族国家」で、自分たちの文化圏内の貴族たちがお互いを牽制し合って、「外国人の」王を選んだ上に、周辺勢力との戦争が続いて、近隣諸国に侵入の機会を与えたからだろう。ポーゼンは、一八世紀後半にプロイセンに併合され、一度ナポレオンによりワルシャワ大公国が出来たが、ナポレオンの敗退とともに傾き、ヴィーン体制でふたたびプロイセン領になった。

クリスティアン・ローマイヤーの聞いたところでは、ポーゼン（ポズナン）周辺は、一〇世紀以来ドイツ人が多数入植して、ラーデンにいるようにドイツ語で暮らせるということだが、一体どんなところなのかまったくわからない新大陸は、言葉とか、先住民とどう折り合いをつけるのだろうとか、メルヘンの里の貧しいローマイヤー夫婦には、アメリカは気の遠くなるような話だった。話によれば、ポーゼン市の南の方にヴォルフスキルヒ（現ヴォルコヴィッツ）という町があって、その郊外に格安の農家がある。開拓するなら助成金も出るかもしれないという。

アメリカほど遠くないから、だめなら帰ってこられる。アウグスト・ローマイヤーの両親は、ファールを引き払って、ポーゼンへ移住する決心をした。そして、一八九四年、ファールの土地を売り、処分可能なものは処分し、残った家財道具を荷車に積んで、まずはシレジアへ向けて出発した。

「何日、かかったんでしょうねぇ、ポーゼンまで。」

私は、ヴァルナーさんから住所を教えてもらったリヒアルト・ローマイヤー（アウグスト・ローマイヤーの末の弟の末子）さんをケルンに訪ねて、聞いた。

ラーデンを出て、ミンデン、ハノーファー、（オーデル河沿いの）フランクフルト、ここから（後のポーランドの）シレジアに入る。ここまで、約三六〇キロ。そこからポーゼンへ、さらに南下してヴォルフスキルヒまで一八〇キロ。合計五四〇キロほどを、ローマイヤー親子は、やせ馬に車を引かせて行ったのだった。

「二〇日はかかったのではありませんか？」

「そうですねえ。そんなもんでしょうかねぇ。天気のいい日ばかりではなかったでしょうねぇ。」

「ひたすら、明日を求めていったんですね。」

「しかし、そこで何が起きたかということなんです。」

ローマイヤー一家は、ヴォルフスキルヒで農業を始めた。

「でも、糸を紡いでいた祖父には、農業はわからなかったんです。」

移住した夫婦が最初に建てたレンガ工場は、窯に火を焚いた途端に爆発、一瞬にしてすべてが吹き飛んでしまった。新しい土地を開墾して農業を軌道に乗せる采配は妻のドロテーが振らねばならない。クリスティアンはむしろしっかり者の妻に従って、見よう見まねで畑仕事を始めたのだった。

傍らで、よちよち歩きのアウグストの世話をするのは、五歳のウイルヘルムだ。

ところが、翌年の夏、最初の収穫の前にもう一人の子がうまれた。三男のヘルマンである。

すでに土地を売却したファールの家も手放すことにして、父は一人でファールに戻り、隣人に家を売った。だが、その二年後に四男のグスタフが、さらに三年半後に五男のオットーが生まれた。

それでも母は頑張った。しかし、過労で倒れてしまったのである。

世にも寂しいお葬式

一九〇六年、収穫も終り、風がめっきり冷たくなった一一月のある朝、いつものように誰よりも早く目を開けて、「坊やたち　おはよう」という母の声が聞こえなかった。

不審に思った息子たちが、一人二人と両親の寝室へ行くと、物も言わずに横たわる母の傍らで、父が呆然としていたのである。

慣れない土地で、父と五人の男の子と墓堀人と牧師だけの寂しい葬式であった。

途方に暮れても子供には若さの元気があったが、父はもぬけの殻のようになってしまった。

「お祖母さんの写真はありますか。」

リヒアルトさんにきいたが、ないという。ファールの教会にも問い合わせたが、写真は一枚も見つからなかったそうである。面影は息子たちの脳裏に残されたのみなのだ。

一家の柱が突然逝き、貧しい家の中は一層心細く暗くなった。

長男一五歳、末子四歳、アウグストは一二歳であった。

当時の義務教育を終えたばかりの長男と次男が農業をしても六人は養えない。

妻を亡くした父親はすっかり無気力になってしまった。息子たちは寄り添って、生きる道を見つけようとした。上の二人は働きに出たほうがいいのではないか。しかし、九歳と六歳と四歳の弟たちはどうして暮らしていくのか。少年たちは少年たちで話し合った。

自分たちがしっかりすれば、父親も元気を出してくれるだろう。

ところが、当の父親は、妻を亡くして半年経つか経たないうちに姿を消してしまったのである。

置き去りにされて飢え死にしそうになっている少年たちを助けてくれたのは、やはり近くで開拓している同じように貧しい人たちであった。苦しい中から食べ物を分けてくれた。肉親に見放された悲しさと、隣人の愛は、同じように少年たちの血に残り、これは成人してからのアウグスト・ローマイヤーの人間の原点になっているようだ。

ちょうちょ　ちょうちょ　なのはにとまれ

「お父さんは、どこへ行ってしまったのですか?」

「彼は妻を亡くしたわびしさに耐えかねて、新聞広告で知り合った女性の住むブレスラウ（現ブロッツラフ）へ行ってしまったのです。」

「ほんとに？　その女性はどんな人だったんですか？」

「彼女はブレスラウに住む一六歳年下の料理人で、羊飼いの娘、母親は市場で商売していたそうです。祖父は、妻の没後半年あまりで彼女と一緒になってしまったのです。」

しかも、息子たちは最初のうち父親の結婚も知らず、ただ待っていたのだという。

彼らは近所からお金を借りなければならなかった。一年後に嫁を連れた父親が現れた時には、借金もたまっていた。そんな父にいう言葉もなく、背を向ける息子たち。

五歳の末っ子オットーは、一年見なかった父が誰だかわからなくて、人見知りした。

「お母さんだよ。」

涙も乾かない息子たちの家に、見知らぬ女性が入ってくる。父の妻だという。

驚きと悲しみで少年たちは寡黙になった。怒りを覚えた次男のアウグストは、家を飛び出して野原や森を歩き回った。四歳だった彼がビックリして泣き出したあのレンガの釜の爆発のときのことを思い出す。あのとき父は腰を抜かして、怪我をした母が血を流しながら七歳の兄と片付けていたのだ。母の死はあのときの怪我と無関係だろうか。

アウグストは修行に出る決心をして帰宅した。家にいた兄もそんなことを考えていたらしい。

新所帯にお金の要る父は、近くで成功していた同郷の農家へ行き、今の家を担保に融資してもらったが、その資金もすぐにすってしまった。

父はファールで羊飼いになった兄に本当のことはなにも知らせず、調子のいい便りをしていたらしい。心配した兄がこっそりヴォルフスキィルヒにやってきて、最初に出くわしたのが、弟の土方姿、どこかで見覚えのある男が石畳の道で不器用に石を叩いていたのである。

この弟、副業として、ファール時代に覚えた木工でしゃもじを彫っていた。ところが、売値より高い材料費を払っているという。兄は唖然とした。

子供たちはどこにいるかと聞くと、上の二人は修行に出て、下の子はみんな里子に出したという。甥達は母を亡くし、家もなくし、兄弟離れ離れになっていたのである。

間もなくクリスティアンは、後妻の貯金で食堂を開いた。妻が料理して、彼が会計する。だが、これも失敗。結局、料理人として働く男運の悪い妻に養われながら、さらに二人の娘を作り、最後は社会福祉の世話になって、一九三五年まで生きたのだった。

リヒアルトさんもそれ以上のことは聞いていない。末っ子だった彼の父も、あまり話したいことではなかったのだろう。

「父（アウグスト）は祖父に背を向けたようです。」

テアさんがいう。

長男ヴィルヘルムと次男アウグストは、父親に対して最も批判的な年頃でもあった。孫たちも、祖父の父親にかけた負担が一通りのものではなかったことを感じている。

「ちょうちょ　ちょうちょ　なのはにとまれ……」

この歌のメロディーだけを思い出してみよう。日本では、まったく違う歌詞がついているが、ドイツでは、誰でも知っているこの歌は、ドイツ語で次のようである。

「ヘンスヒェン　クライン　ギング　アライン

イン　ディ　ヴァイテ　ヴェルト　ヒナイン……

ハンスちゃん　チビさん　一人で行った

広い世界に　出て行った」

という、旅に出て行く少年の歌である。

今で言えば、小学校を出たくらいの少年が、どんどん修行に出されたときからの歌詞だろう。メロディーがどこから来たのか最終的にはわからないが、ドイツなら誰でも知っていて、民謡風に歌われている。

歌は、ローマイヤーの少年たちを思い出させる。ここに出てくる小さなハンスの場合は、心配しているお母さんが待っているのだが、ローマイヤー兄弟には、待つ母も、帰る家もなかった。母も家もないということが、後のアウグスト・ローマイヤーの行動に決定的な条件を与えている。

ブレーメンの音楽隊

ばらばらになってしまった兄弟の運命を辿るのは難しい。

リヒアルトさんが苦労して調べた限りでは次のようになっている。

長男は給仕の修行をして、最後はブレーメンのレストランで資格を取り、一九一九年にはブレスラウで、皮肉にも父親同様女性のコックと結婚し、ビールレストランを開いたが、一九三六年に妻を亡くし、その六年後に他界した。その三年後にブレスラウは、第三帝国ドイツの大変悲惨な最期の砦になっているから、それを見ないですんだのは幸せだったかもしれない。

三男も飲食関係の修行をして、一九一九年に結婚、ブランデンブルグ州のデッソウという小さな町で食堂をしていたが、八年後に三二歳で病死。どういうわけか、のちに捕虜になったローマイヤーと連絡を取っていたのは、彼だけだった。

四男は、一四歳で左官の修行を始めた。一人前になると、第一次世界大戦で召集され、西部戦線へ送られた。戦後里親の元に生還したが、また左官の修行に出て、一九二三年からヴェストファーレンの鉱山で坑内係長にまでなったが、肺じん症で他界した。

リヒアルトさんの父、五男のオットーは、やはり里子に出され、一四歳で煙突掃除人の修行に出た。諸国遍歴して一九二六年にシレジアのオーラウ（現在オラヴァ）で結婚。ブレスラウで煙突掃除の一区域を任された。一九四五年の敗戦直前に家族を疎開させてブレスラウにこもり、爆撃で負傷死した。家族はドイツの敗戦により、ブレスラウからチェコ経由でドイツへ追放された。チェコ経由の旅はきわめて過酷だったという。仕返しというのは悲しいもので、仕返しする者は、仕返しされる人間と少なくとも同じことを出来る人間だということを証明してしまうのだ。しかも、仕返しされるのが当事者でなく、同じ言葉を話す民族に属するというだけで、子供や病人、老人、さらにこの場合むしろ反ナチや抵抗運動者だったりすると、いわれのないことで悲惨である。

さて、次男のアウグスト・ローマイヤーは家を出てどうしたのだろう。


彼は、難しい父親との生活を離れて、一四歳で修行に出た。

「いろいろなところで、修行したらしいけれど、場所に関して記録がないんです」とテアさん。日記を書いたりせず、記録も得意ではなく、ローマイヤーは体で覚える人だった。

ブレーメンへ行く前に、ブレスラウの兄も訪ねたはずである。

シレジアから次第にヴェストファーレンの方に向けて、親方から親方へと「遍歴修行」、各地の習慣や特産を学んだ。当時、職人の「遍歴修行」は、今の職業学校の役目を果たしたのである。最後にブレーメンのレストランに職を得て働いていた兄が、親方を探して呼んでくれた。

テアさんは後に父と母について、ブレーメンの親方のところに挨拶に行ったそうだが、その店がどこだったか、わからなくなってしまった。そのときは、親方は亡くなっていたが、息子さんが継いでいたという。ブレーメンはこの前の戦争で大変な爆撃を受けたので、二〇世紀の前半の職人組合の資料も焼失してしまった。それで、アウグスト・ローマイヤーの修行した店は、まだ残っているにしても、ここだと断定できない。

とにかく、アウグストは、ポーゼンからブレスラウへ行き、シレジアを通って、オーデル川沿いのフランクフルトでドイツへの橋を渡ったはずだ。かつて幼児としてやせ馬の引く馬車に引かれていった道を逆にカッセルの方へ移動したに違いない。わずかな身の回りの物を布に包んで「遍歴修行」をする若者の姿を想像してみよう。

馬車に乗せてもらったり、たまには鉄道を使い、大概は歩いて、今でいうメルヘン街道をブレーメンへ、ブレーメンへと北上したのである。

「テアさん、私はどうしてもここでブレーメンの音楽隊を思い出してしまうのです。アウグスト・ローマイヤーがブレーメンへ行く道には、よぼよぼのロバもいたし、しょぼくれた犬も、川に捨てられそうな猫も、明日スープにされそうな鶏もいたはずですよね。ブレーメンに行って音楽隊をやろうと言っていたのに、皆、盗賊が逃げた森の中の家に居座ってしまった。でも、青春のローマイヤーは、世界の扉ブレーメンを目指して行ったんですわ。」

私のメルヘンにテアさんは笑った。

「父には、強い意志があったし、運命にもあやつられていたような気がします。父は、最も苦しいときでも夢をなくさなかった。起き上がりこぼしみたいな人でした。」

「ブレーメンで、久しぶりにお兄さんに会って、おいしいものを食べさせてもらいましたね。」

「そうでしょうね。再会して、うれしかったと思います。」

「ヴォルフスキルヒでは、みんなお腹をすかせて途方にくれていましたものね。二人で温かいものを食べて、幸せな気持になったと思います。」

上の息子たちは忙しい母を助けて、ありあわせの材料で料理したものを弟たちに食べさせていた。母がいなくなると、水っぽいスープに乾いたパン、それでもあればよかったのだ。アウグストは弟たちにもっとおいしい物を食べさせたかった。

この「おいしい物を食べさせたい」という気持は、のちのアウグストの信条になっていく。

アウグストはブレーメンの食材の豊富さに感激した。

兄は、間もなくブレスラウへ戻って、ヘレンという料理人と一緒になって、店を持つという。だが、アウグストは、もうシレジアの方に未練はなかった。しばらく、この輝かしいブレーメンにいたい。内陸から来ると港は無限なものを持っていた。

一九一〇年頃のブレーメンは、二五万人の人口を持ち、第一次世界大戦まで世界的貿易港だった。北海へ六〇キロ、ヴェーゼル川は川幅を広げて、ブレーマーハーフェンに出る。世界中に船が出て行く。どれだけのドイツ人がここから世界へ出て行ったか。

船の出入り、汽笛、港の賑わい……各地から入港するコーヒーやタバコの匂い、世界を航行した四角い旅行カバン、飛び交う外国語、内陸育ちのローマイヤーは胸をときめかせた。新しい大陸の雄大な自然や大平原を想像する。見たこともない動物や、知らない人々。世界はもっともっと大きいのだ。

当時の習慣に従って彼は親方の家に住み込み、一日に少なくとも一二時間はしごかれて、その後は掃除や雑用、親方への絶対服従の日々が始まった。ここで私はもう一度、ブレーメンの地図を広げて、テアさんをせめたが、親方の店がどこにあったかわからない。

「父と行ったのは、五〇年も前のことなのよ、忘れたわ。」

メッカー・レーアリング（食肉加工技術者見習）

この職業、日本語だとイカメシイから、ドイツ語のメッカー（フライシャーともいう）を使おう。ローマイヤーは、おいしい物がどんなに人を幸せな気持にさせるか知っている。肉なんか、父親に置いてけぼりにされた少年の口には入らなかった。ないものを工夫して料理するうちに料理が好きになる。食べられそうもないものも食べられるようにする魔法を夢見た。親切な人が、たまに持ってきてくれたソーセージや珍しいハム。それは大のご馳走だった。こんなものを作る人になりたい。おいしい物を作って暮らしていけるなんて、なんて素晴らしいことだろう。それが次第に、「この技術を身につければ、どこへ行っても暮らして行ける」に代わっていったのである。彼は、早くから独立を迫られてもいた。

ここで、ローマイヤーが修行を通して何を学び、ロースハム誕生の礎にしたのか、ドイツにおける食肉加工の歴史への短い散歩をしてみよう。

肉は西洋の生活には欠かせないもので、食肉加工のよい技術者は誰でもほしがる。僧院でも家畜を飼い、独自の加工人を抱えていた。こんなこと、仏教の寺院では考えられない。

石器時代から、狩人の射止めた動物は捨てるところがなく、あらゆる部分を無駄なく整理して、生活に役立てた。肉のいろいろな部分から内臓、骨髄まで大切に使った。毛皮は衣類や馬具に、腱は弓に、爪も角も道具や器に、そして血も加工して食料にする。それはまず猟師の仕事だった。狩猟民族では、みんなが猟師だった。何日も何日も追いかけてやっと射止めた獲物も、手際が悪くては十分に活用できない。生き延びるためには、よいメッツカーでなければならない。賢い親は、獲物をさばく技術を息子に教えた。息子がいない場合は、息子にしたいような若者に技術を教えた。こうして弟子というものが生まれたのである。

宗教儀式に、神にささげる生贄が出てくる場合がある。

神の恵みに感謝し、それを無駄にしないことを誓うのだ。

太古においては、メッツカーが神官のような役目をしていたこともあるという。

狩をして何日もさまよっても、獲物にでくわさないこともある。それでは困るから、動物の飼育が始まった。五〇〇〇年ほど昔のことだ。人の集団が家畜を持つようになって、家畜を飼育し、無駄なく上手にさばき、材料を分けて整理、管理、分配する。

メッツカーが技術も信用もある人でなければ、公平な肉の分配はない。また、肉を腐らせてはもったいない。不足したときのために、保存しなければならない。空気乾燥、燻製、塩をすりこむ、塩につける、文明とともにそのような技術も発達した。


メッツカーという言葉は、中世高地ドイツ語のメッツィヤーから来ていて、その語源は（教会で文語として使われた）中世ラテン語のマテリアリウス、ソーセージを作る人、腸の加工をする人、という意味である。マテリアリウスは、ラテン語のマティアまたはマテェア、つまり腸、腸詰のことで、「おいしい物（こねた物）」という意味のギリシァ語マティエともつながる。

中欧でも、カール大帝のフランク王国の頃（八世紀）から、狩人や農民からメッツカー（またはフライシャー）という職業が分離し、中世になると、次第に職業組合（ギルド、ツンフト、イヌング）が出来て、仕事の内容や教育、資格などが制度化していった。ギルドは都市の護衛にもあたった。特にメッツカーは勇敢で、中世後期から近世にかけて都市の防御のために傭兵もいたが、メッツカー・ツンフト（ギルド）は市兵として、いざというときの都市の「自衛隊」にもなった。

組合には、親方、職人、徒弟がいて、職人も徒弟も、親方の家に住み込み、親方には絶対服従、親方の家族とうまく折り合いをつけて、他の使用人とは運命共同体のようなものであった。

組合のありかたや身分や習慣は都市によって多少の違いはあったが、徒弟制度はバーゼル（現スイス）でも、ダンツィヒ（現ポーランド）でも、ニュルンベルグ（現ドイツ）でもストラスブルグ（現フランス）でも、アントワーペン（現ベルギー）でも、本質的には同じで、「遍歴修行」をする職人の世界は、とっくに今の「欧州（ＥＵ）」の感覚だった。国民意識のない時代には、ギルドのつながりの方が、封建諸侯領土内の領民同士のつながりより強かった。欧州でギルドやハンザ意識より「国民意識」が強くなったのは、フランス革命以降のことである。都市の生活はギルドを中心に営まれていたといっても、過言ではない。

『ニュルンベルグのマイスタージンガー』の主人公ハンス・ザックスのような親方の徒弟になれば、「人生の学校」に入学したようなものだった。貧しい子沢山の家から、子供は僧院にも預けられた。ここでは、食べ物と職業教育を与えられた。現在のドイツの職業教育は、このような歴史から生まれたものである。

アウグスト・ローマイヤーの修行時代、つまり二〇世紀の初頭には、因習の重みに耐えた古いものに歴史が蓄積した知恵の深みや幅が加わった徹底的な徒弟教育が行なわれていた。その厳しさは、おそらく今の若者には想像も出来ないものである。

ローマイヤーは、早く一人前の職人になって独立したいと思っていたから、親方をてこずらせることもなく、技術の習得も早いし、勤勉で出来のいい徒弟だった。苦しい少年時代を思えば、どんなに親方にしごかれても、屋根と食事を保障された生活に感謝こそすれ、不平を言うなんて思ってもみなかったという。徒弟制度はそれに耐えた人間を強くするものだ。

三　不穏の海

船出

一九一三年六月、ローマイヤーは二一歳になった。

あと半年でマイスターの資格がとれそうだ。親方の娘に恋をしたわけでもないし、一緒に一旗挙げようという仲間がいるわけでもない、兄のいるブレスラウへ行く気もない。

世界の港に出入りする船を見てはきたが、乗ったといえば、北のほうの島に遠足に行ったくらいで、大きな船に乗って外国へ行ってみたいと思いながら、港を歩くのがせいぜいだった。

他の国では、人々は何を食べて、どんな暮らしをしているのだろう。

外国へ行きたいという気持が募った。だが、船に乗るお金がない。港を歩く水兵同様貧しい。そうだ、金もないのに船に乗るには、彼らのような水兵になることだ。海軍だ。海軍に入って、何年か世界を見るんだ。ローマイヤーだけではない。当時、多くの若者が戦争に巻き込まれることを計算に入れずに、海軍へ入ったそうである。ドイツでヴィルヘルム時代と呼ばれるこの時代、軍国的教育が行なわれていたが、そういう教育を受けたのは中流以上の家庭の息子で、貧しい子供たちは徒弟制度から軍隊へ、あるいは寄宿舎つき幼年学校という道を行った。

ローマイヤーは修行中にレスリングと英語を習っていた。体を鍛えて強くなりたかったし、港町が彼に英語を習わせたのだ。マイスター試験の前にすでに海軍に志願したようだ。翌年の一月には海軍に入っている。ローマイヤーは、その辺の成り行きを書き残していない。軍隊に関するものは、捕虜から解放されたとき以外のものは何も残さなかった。

兵隊になりたくて海軍へ行ったわけではないし、青島の経験以来、戦争に関係のあることからは決別した。後にビールを飲んで行進曲を歌ったことがあったかもしれないが、彼は徹底して、戦争は嫌いだった。

テアさんも、ブレーメンで海軍に入ったこと以外の成り行きは聞いていない。リヒアルトさんの記憶では、ブレーメンから商船に乗って中国へ行ったとなっている。

ローマイヤーの長男ヴィリー（故）から、「ローマイヤーはイルティス号に乗って行った」と、聞いている人がオーストラリアに住んでいるが、テアさんは、ヴィリーの語りの正確さに疑問を持っている。ドイツでいろいろなアーカイヴに問い合わせたが、当時の軍艦の乗組員名簿の多くは戦争で焼失しているという知らせで、ローマイヤーの輸送された船を確定することは出来なかった。テアさんは、商船ではなく、海軍の船で中国へ行ったはずだという。

テアさんの持っている家族のアルバムには、最初のページに河川用砲船「チンタオ」の絵が貼ってある。

「父は、この船の話をよくしました。もし、彼がこの船に乗っていなかったら、何故この写真がこのアルバムに貼ってあるのか、わかりません。」

ローマイヤーのアルバムには子供の頃の写真がない。リヒアルトさんは、一家離散のとき、物がばらばらになって、後妻さんもそんなものには興味がなく処分したのではないか、残った物もブレスラウの爆撃で燃えてしまったのではないか。また祖父母には写真を撮らせる余裕もなかったかもしれないという。それで、河川用砲船で船出したのが人生であるかのように見えるのは、ローマイヤーの寂しい青春を語るかのようだ。

「テアさん、その船の運命を調べてみましょう。」

フライブルグの軍公文書館から、シュトットガルトの現代史図書館を紹介されて調べた結果は次のようなものであった。

河川用砲船（フルスカノーネンボート）「チンタオ」

「チンタオ」は一九〇三年四月一八日に、エルビング（現ポーランドのエルブラーグ）で造船された。「フ

中国でローマイヤーの乗っていた河川用砲船。（提供：シュトットガルト現代史図書館）

アーターランド」の姉妹船である。

二八〇トン、長さ五〇メートル、幅八メートル、深さ九四センチ、時速一三キロ。

一九一二年から一四年までの艦長は、クラウス・フォン・メラー海軍少尉。八代目で最後の艦長であった。当時ドイツ国籍四七人と中国人一一人の乗組員が乗船していた。

河川用砲船とは、当時、ドイツや植民地を持つ他の欧州の国の会社などが進出して現地でもめ事が起きたり、現地人の海賊行為が起きたり、北京政府からそのようなものを抑える要請があったときに鎮圧する使命を持って河川流域を航行していたものである。契約により航行を許可されている船の安全を守る任務もあった。ドイツ帝国海軍は機動性のある小型軍艦を十分保有していなかったので、一八九九年、ランチ「シャミエン（沙面）」（三七トン）を、一九〇〇年に蒸気船「フォーヴェルト」（四〇六トン）を買い。臨時に改造して使った。

だが、この対策では十分でなかったので、一九〇二年に、河川用砲船の予算を通過させた。エルビングのシーヒァウ造船所で造船され、完成後解体して貨物船に積載して東アジアに輸送、到着後現地でふたたび組み立てることが可能であることが条件になっていた
一九〇二年に造船を始めた「A号」が、翌年「チンタオ」と命名されて進水、同年五月に海軍に渡された。テスト航行後、解体され、九月に蒸気船プリンセス・マリー号で香港へ輸送された。香港の民間造船所で、ふたたび組み立てられている。

この船の勤務開始は、一九〇四年二月三日。ローマイヤーが、二二歳のときである。

「チンタオ」は巡洋艦隊の下に配属され、西江と広東の河川流域、香港、マカオ地域を任された。まず、西江を梧州まで上がり、何事もなく一年。一九〇六年には、乗組員がマカオの火事を消火、同じ年の八月、英仏軍とともに西江と東江の河口の海賊警備に当たり、翌年、北江を航行、夏には西江に移り、一九〇八年は南寧市、仏領トンキン（ベトナム）に近い龍州まで達する。これらの河川の上中流の水位はまちまちで、流れも速く、障害物もあって、航行には熟練した測定と操舵が求められた。一九一一年には、チフスで逝った艦隊長ギューラー海軍少将の遺体を香港から祖国へ運ぶビュロー号へ積み替え輸送。

この年、辛亥革命が起きたので、短期間、香港の領事館に水兵を送り警備に当てた。

一九一二年、河川用砲船「チンタオ」は、広州近くの河口地域にいて、年末だけ梧州へ。

一九一三年には川の状態が良かったので、北江を北上し、西江の支流を航行。この頃、ローマイヤーはブレーメンで、マイスターの試験に備えながら海軍へ行くことを考えていた。しかし、河川用砲船「チンタオ」のことも、その動向も考えたことはなかっただろう。

まず、河川用砲船「チンタオ」の運命を終わりまで追ってみよう。

一九一四年七月三〇日、西江の上流で「チンタオ」は、青島から来た巡洋艦「エムデン」の艦長から欧州の緊迫した政情を聞き、広州へ戻る命令を受け、八月一日に広州に到着。するとそこは、暴動状態になっていたので、八月二日、作戦に従って降板させられ、造船台に載った。

隊員は分割され、艦長が数人の水夫をつれて客船でマニラに行き、後方基地を作るために石炭蒸気船ヘルデ号で「エムデン」に追いつこうとするが、サバングでオランダ船に拘留された。しかし、艦長フォン・メラーはジャワ船マルベク号をつかまえてヴィデインゲン号と改名し、八二日かけて一九一五年三月初旬、アラビアの海岸に着いた。だが、この小隊は、トルコ陣を行軍していた三月二九日、ジェダの北方でアラビア人に襲われて、全滅してしまったという記録が残っている。

ローマイヤーが河川用砲船「チンタオ」に乗っていたとしたら、この部分は体験しているはずである。彼が捕虜になったのは、隊長の小隊についていかなかったからだ。ジェダで殺されていたら、ロースハムの物語もない。

広州に残された水兵が隊長の運命を知るのはずっと後のことである。残留部隊も二つに分けられて、わずかな隊員を広州に残して大半が陸路青島に向かった。青島に着いたのは八月の半ばと書かれているものもあるが、船を降板させたのが八月二日だとすると、広州から青島まで一六〇〇キロ、二週間で行けるはずがない。行軍は二か月近くかかっているはずである。青島に到着すると、彼らは準巡洋艦「コルモラン」の配下に置かれた。「コルモラン」は一九一七年にグァムでアメリカに降参している。

広州に残され、沙面島で「チンタオ」を守っていたわずかな水兵は、一九一七年三月二一日、中国が敵に回ったので、自らの手で船を珠江に沈めた。自沈させたあとの水兵の運命はどこにも書いてない。この頃、ローマイヤーは捕虜になって久留米にいたから、彼は青島まで行軍して「コルモラン」配下に置かれた部隊にいたことになる。

だが、テアさんは、「『チンタオ』を沈めて」何週間も歩いて青島に行ったと聞いている。これは、船が降板して造船台に載せられたことを言っているのではないだろうか。その時点で自沈していなくても、造船台に載せられたということは通常廃船にされることだから、自沈は時間の問題である。ローマイヤーの部隊が砲船をスクラップにして、翌日三日に艦長がマニラへ向かったとして、後続隊がすぐに青島に向かったとしても、六〇日くらい歩いて、一〇月の半ば、最後の戦闘の真っ最中に青島に到着したに違いない。

一九一四年に中国にいたドイツの砲船は次のようである。

砲船「イルティス」…九月二八日に、青島の港湾労働者が沈めた

砲船「ルックス」…九月二八〜二九日の夜、乗組員が青島の港で沈めた
砲船「イヤグアー」…一一月六日か七日に乗組員が青島の港で沈めた
砲船「ティーガー」…一〇月二九日の日本軍攻撃前に青島の造船労働者が沈めた
河川用砲船「チンタオ」…一九一四年、広州で廃船にされ、一九一七年に自沈
河川用砲船「オッター」…一九一四年揚子江にいて、南京で中国に没収された
河川用砲船「ファーターランド」…一九一四年に南京で中国に没収された

最後の二隻は、名目会社に売却されたとか船名を変えて売却されたという説もある。三隻の河川用砲船のうち自沈したのは、「チンタオ」だけである。

「船を『沈めてから』、青島へ向かった」というのが完全に一致しないが、私は、ローマイヤーの乗っていた河川用砲船は「チンタオ」だとしか考えられない。しかも、この船だけが自沈した河川用砲船である。

ところで砲船と河川用砲船はどう区別すればいいのだろう。

砲船は大砲を積んだ船のことで、ガレー船や帆船の時代にもあった。ガレー船は大砲を一台、帆船は臼砲と口径の小さい大砲を数台積んでいた。ナポレオンは百隻を越える砲船に爆弾を積んでイギリスを攻めた。プロイセンは、沿岸警備に経済的な砲船を使った。一九世紀に砲船は、蒸気駆動となり、中型口径の大砲を数台積んでいた。帝政ドイツでは、植民地政策に砲船を使う皇帝の政治

イルティス守備隊のカール・クリューガー、前から2列目(腰掛けている)の右から4人目。(提供：ユルゲン・クリューガー)

を「砲船政治」と呼んだ。

河川用砲船は、現地人や競合相手との葛藤の解決に派遣され、内陸を航行し、河岸パトロールとして現れるだけで、威嚇し、大概、実戦なしで鎮圧した。この船は大海の航海には適さず、完成後解体して輸送され、乗組員も交代で何らかの形で中国に輸送された。

アウグスト・ローマイヤーが他の船で中国に到着したのは、一九一四年の早春のはずである。河川用砲船「チンタオ」が西江を航行していたときに、誰かと交代して乗り込んだのだろう。

ではなんの船で中国へ輸送されたのか。ここで、リヒアルトさんの言う「商船」の可能性も出てくるのだ。

『ポツダムから青島へ』(カール・クリューガー、一八九二～一九八〇)という本がある。

青島のイルティス山砲台で降参して、福岡と習

ブレーマーハーフェン港のドイツ兵を乗せた輸送船、1911-14。(提供：ブレーマーハーフェン航海博物館)

志野で捕虜生活を送った人だが、ブレーマーハーフェンに住む息子さんのユルゲンさんから、この本の引用を許してもらった。

クリューガーを一九一一年に青島へ輸送したネッカー丸は九〇〇〇トンの商船で、客船兼貨物船であった。この船は、東アジア巡洋艦隊の隊員交換のために海軍にチャーターされ、毎年一月に海軍砲兵隊と第三海兵大隊を乗せて青島へ行き、帰国する現地の兵を乗せて帰った。数隻の船でこの仕事を請け負っていたのは、北ドイツ・ロイド社とハッパック社で、一回に一〇〇〇人前後の兵を輸送していたという。

この事実に従えば、アウグスト・ローマイヤーは、一九一四年の一月に海軍がチャーターした商船(兼貨物船)で中国へ向かったことになる。長男のヴィリー(故人)が、「父は砲船イルティスで青島へ行き、この船がドック入りしたので、河川用砲船

「ファーターランド」に移され、開戦後陸路青島へ行軍したと語ったというオーストラリア在住の人もいるが、テアさんは兄がそう思い込んでいたのではないかという。どの船で輸送されたとしても航路は同じだから、ローマイヤーの船旅を再構成してみよう。

さらば　さらば　わがふるさと

ローマイヤーの一九一四年の新年は、世界に向かって明けた。まさか、この年に恐ろしい戦争が始まるとは誰も思っていなかった。

新春のある日、メッカー・マイスター、アウグスト・ローマイヤーは、水兵服も真新しく所持品を詰めたサックを肩にかけ、ブレーマーハーフェン（クックスハーフェンの可能性もある）のギャングウエイを行った。船の前で貰った札に、航海中の「ハウスナンバー」が書いてある。「船首第一中看板、キャビン番号何番」という具合だ。

キャビンへ行く。興奮しているから、狭さにはまだ気がつかない。サックを投げ出して上甲板へ飛び出す。港は人でいっぱいだ。見送りの人。見物人。海軍の送迎隊。

だが、ローマイヤーには見送り人がいない。帰りを待つ人のいない寂しさと気軽さが入り交じる。父の住むシレジアは、これからもっと遠くなるのだ。

上官の挨拶が終ると、別れの音楽が始まった。

ムシデン　ムシデン　ムシ　シュテッテレ　ヒナウス……
さらば　さらば　わがふるさと
ふるさと　いま　さかりゆく
ああ友よ　歌わん　別れの歌を……

波止場の喧騒、歓声、涙、揺れるハンカチ。曳船に牽引されて船が出てゆく。人も港も小さく遠くなってゆく。

兄も弟たちも、哀れな父も、ヴォルフスキルヒの墓に眠る母も、みんなさようなら。

港の最後の人影も見えなくなると、みんなそれぞれに船室へ入っていく。そのとき初めて、これからの長旅に与えられた自分の空間の狭さに気がつくのだった。どのみち、修行中の自分の部屋も、これに毛がはえたくらいのものだった。

船首と船尾の中甲板には二段式ベッドをくりつけたたくさんのボックスがあり、天井の高さは二メートル。ボックス間の廊下もとても狭くて、体を器用によじって通らねばならない。

一五〇人から二〇〇人で区切りがしてある。若い男ばかりが狭いところに詰め込まれているので、可能な限りの換気装置にもかかわらず、その空気にはかなりのものがあった。丸窓を開ければ、船が傾こうものならザーッと水が飛び込んでくる。しかし、ぜいたくを言えるような水兵はいないから、不平など言うより、みんな面白がっていた。

大概は親の負担にならないようにひとり立ちした若者で、こうして大きな船に守られていることは、むしろ幸せであった。このまま戦争に巻きこまれるとは誰も思っていない。二、三年、世の中を見て無事に帰国するくらいの気持であった。

船の中央には、将校や、その家族のキャビンがあって、もちろん水兵と彼らとは厨房もちがう。水兵が食事をかきこむ時に、船の中央のサロンでは、白いテーブルクロスのかかった食卓で優雅な食事が行なわれている。ローマイヤーはそんな窮屈な食事の仲間に入りたいとも思わない、それより、彼らがうなるような食材を作る方に興味があった。


機械の音や揺れで目を覚ますと、出航して最初の夜が明けようとしていた。

水兵は北海の寒気に叩き出されて、朝の身だしなみ、体を洗って点呼、徒弟時代の延長だから慣れている。ドーバー海峡通過まで海は穏やかだが、ビスケー海は評判通りの荒れであった。波にもまれる船の中でさらにもまれる乗組員は、まりのように転がる。船がきしみ、波が甲板を洗い、人がうめく中で、船酔いしない豪傑が意地の悪い冗談を言う。

「糸の先に脂っこいベーコンをつけて飲み込んで引っ張り出すと、船酔いが治るぞ。」

処女航海の水兵の船酔いは、それで出来上がりとなる。

空になった胃がさらにもまれて、頭が真空状態になり、精神は体を置き去りにしたようだ。

船を降りることさえ出来たら……願うのはそれだけだった。だが、こういう状態が長く続かないのは、救いである。

彼方にスペイン、ポルトガルの海岸が浮かび上がる頃、波はおさまり、風が暖かくなり、荒海は嘘だったように、平和なリスボンの町の屋根や塔が遠くから挨拶してくれるのだ。

ジブラルタルを地中海に入る。船は東に進む。チュニジアがうっすらと横たわっている。シチリア島、クレタ島を遠めに船はスエズ運河に向かう。

ローマイヤーはただうっとりと夢見心地で、初めての風景を眺めた。

ポートサイド。

絵本で読んだ世界である。見知らぬ世界だが、本物なのだ。中甲板の狭さも、名状し難い船酔いも、みんな忘れる瞬間である。

スエズ運河建設者ド・レセップスの銅像の横を抜けて、船の合間を港に滑り込む。ここで、船は石炭を積み、水を補給する。下船を許されない乗組員が港で働くアラブ人の様子を眺めていると、じきに無数の物売りの小舟が近づいて商船を取り巻いた。フランスやベルギー、オランダのように早くから植民地を持たなかったドイツの水兵は、初めて肌の色の違う人を見る。物乞い、芸人、みんな懸命だ。投げられるコインがあれば、手や帽子では危ない、傘をさかさまにしてお金を受けようとしている。そのうち辺りが騒がしくなった。乗船してきた商人で上甲板がいっぱいになっていたのである。頭巾つきの上着やトルコ帽がワイワイ騒いでいる。タバコや珍しい果物を売るのだ。事情通の者がエジプトのタバコは上等だと言うと、皆がタバコにたかった。ローマイヤーもつられて買い、一人前の気分になる。熱帯の旅に耐えられる封をしたカンに入っている。青島の食堂主任もしこたま仕入れていた。

乗組員が最初の絵葉書を故郷に書いている。ローマイヤーは誰にも書かない。ここまで一家が離散すると、どこへ書けばいいのか、父親には書く気もしない。子供をおいてきぼりにして、ある日見知らぬ女をつれて現れた人が、息子の行く先に興味があるとも思えなかった。珍しいエジプトの切手を貼る仲間の顔を太陽が照らしている。

ローマイヤーも一緒に嬉しくなった。人をうらやんだり、寂しがったりすることが何ももたらさないことを、とっくに体得していたのは、親切な人のお陰で生きて来たからだろう。

石炭を積み終わるとふたたび出航だ。エルカンターラ、イスマイルを過ぎる。本物のラクダを見た。絵本ではない。本物のラクダだ。ローマイヤーは子供のような興奮を覚えた。

一八時間でスエズ運河を通り過ぎて、紅海に出た。

「おい、海が赤いのはなぜか知っているか。」

「岸の赤い砂がほこりのように飛んでくるからだよ。」

教会で聞いた「出エジプト記」を思い出す。

海が二つに割れて、イスラエル人が逃げる。追ってきたエジプト人は波にのまれる。

話は、都合よく出来ていたけれど、そんな世界をローマイヤーは航海していたのだ。とくとくとタバコを吸い込むと、もう途方にくれた少年ではない、親方の世話になっている徒弟ではない。帝国海軍の水兵だ。なんのために中国へいくのかわからないけれど、三年後には、なにごともなく帰国して気に入った町で店をもてるだろう。これも「遍歴修行」だ。

紅海は暑い。この暑さも初めての経験だ。しかし、夕方には気温が下がるから、必ず温かくするように、腹巻をするように、船医から指示が出る。

アーデン湾に出る。インド洋へ向かう。来る日も来る日も、吸い込まれそうな静かな海。やがて、イルカの群れが迎えてくれた。トビ魚が水面を飛ぶ。

「ずいぶん、飛ぶんだなあ。」

若い水兵は感動する。

しかし、暑い。北国の人間には、中甲板のムシムシは耐えられない。

だが、上甲板から眺める夜空は美しい。船首に砕ける波の輝き、得体の知れない無数の夜光虫が不思議な光の動きを見せる。星が降るようだ。水兵は、甲板に集まってキャンプファイヤーの晩の気分になるのだった。

昼間には授業があった。

歴史、地理、海軍総論、航海技術、戦法、機械、衛生などである。

それからデッキの掃除、船内の掃除、縫い物、健康診断があった。体操の時間にはもてあました精力を発散させる。ローマイヤーはレスリングだ。同行の医者の衛生講義、特に性病に関しては、念の入った講義があった。この講義の大切さは、みんな後でわかるようになる。

洗濯は、朝、体を洗った水をためて石鹸で洗い、塩水を汲み上げて濯いだ後は、紐にくくりつけて乾かした。洗濯バサミでは空の彼方にさようならだ。

セイロンは、おとぎばなしのようだった。

初めての外出。人力車が走っている。変わった服装、珍しい織物、そしてたくさんの宝石。貧しい水兵には縁の遠い話だ。下船前に、どうせお前たちはだまされるから買うな、とも言われていた。見るものすべてが、土産になった。ヤシの木、熱帯植物、はげた人の頭や腋の下の毛を剃っている珍しい床屋を見ていると、乗船時間を忘れるほどだった。

コルセットをはめてロングドレスに身を包む美人に憧れていた若者は、半袖のブラウスにサリーを巻いて、体の一部をみせている褐色の女性にびっくりする。始めは、なんだか変だと思うが、眺めているうちに当たり前になり、魅力さえ感じるようになるのだった。

歩き回った水兵は、空腹と喉の渇きを癒すのに十分のお金を持っていないから、ホテルでジュースを一杯買った。ポートサイドではドイツマルクが使えたが、ここではルピーが必要だった。初めて外国のお金を見る。

セイロンを出ると、北にアンダマン諸島、ニコバル諸島が見え、南にサバンダ、マラッカ海峡をシンガポールへ向かった。

マラッカ海峡は素晴らしかった。行き交う船の色彩、近づく海岸の美しさ、岩に当たる波を通してヤシの木や家々、灯台が見える。人はどんな暮らしをしているのだろう。日が暮れると、初めて見る南十字星。四つの星からなるその星は、水平線の近くに輝き、夜中には消えてしまった。これは、長くは続かないが、短いがゆえにかけがえのない「幸せ」のようなものだ。ローマイヤーもそんな幸せを探していた。

シンガポールで船はまた石炭と水を補給した。

なんといろいろな人が住んでいることか。肌の色もいろいろである。ローマイヤーは自分が青白く見えた。人力車、牛車、人、人、人。水兵は汗をかきながら歩いた。物売りがたくさん寄ってくる。外から見ていてはわからない現地人の本当の生活を想像すると、自分たちが、何も知らないことに気がつく。船に戻ると、他のスタイルの物乞いが集まっていた。

今度は傘を広げるのでなく、海に落ちたコインを拾うのだった。海水は透き通っていて、褐色の少年が水に潜り砂の上に落ちた小さなコインを拾う様子が見える。途中でコインを受け止める者もいた。ローマイヤーは自分の子供の頃を思い出した。貧しさは知恵と力を与えてくれる。生きるためにいろいろな工夫をするものだ。彼は乞食はしたことがないけれど、途方にくれて隣人の扉の前に立ったときは、乞食のように見えたかも知れないと思った。

ボルネオが見えた。南シナ海に入る。右手にフィリピン。海が荒れてふたたび船酔い。でも、ビスケー海ほどではない。何日かすると、香港に着いた。ローマイヤーと数人はここで下船して、広州へ向かうのだが、船はさらに、台湾海峡へ進み、東シナ海、黄海、そして膠州へと航海を続けた。

（ここまではいろいろな証言をもとにまとめたものだが、ルートは同じながら、「父は『砲船イルティス』で広州まで行った」というヴィリー説も可能性として残しておこう。）

何のために……

下船したローマイヤーがどのように広州へ行ったかは、想像するしかない。

香港に駐在の東アジア巡洋艦隊が拾って、西江を航行中のチンタオ号へ連れて行ったのだろう。河川用砲船は小型で、乗組員は家族みたいなものだった。大人の顔で新兵を迎える経験者はなぜかローマイヤーを安心させた。軍艦というより、真顔で遊覧船に乗ったようでさえあった。パトロールしている場所は中国である。ドイツの植民地でさえない。

「なぜ、ドイツ人が警察みたいなことをしているんだ。」

「中国政府の要請があったんだ。」

「要請させたのじゃないか。」

「ドイツの商人や、現地にいる契約国英仏の人間も守ることになっている。」

「中国の警察はそういうことができないのか。」

「この国はそこまで行っていない。長い歴史のある終着点に来ているようだ。」

「そのドサクサにつけこんで、既成事実を作ろうということか。」

「どの国でもやっていることだ。」

「そう言っても……この国の人間は、われわれがこうしていることを喜んでいるのか。」

「ここには、いろんな人間がいるのだ。広州と安寧では人間がマッタク違うよ。」

「中国は一つなのか?」

「中国が何かわからない。ドイツ帝国もたった四〇年前に出来たばかりだ。その前はいろいろな国があった。ドイツは遅れてきた。他の国はとっくに植民地を持っている。アフリカだって、いいところはみんなイギリスやフランスやベルギーが取っちゃって、ナミビアくらいしか残ってなかった。」

「ドイツから多くの人が移民したアメリカはどうだ。」

「やつらも現地民の土地をいただいちゃったのさ。もっと欲しくなれば、他の国にも手を出すよ。人間の欲には限界がないからさ。」

「でも、俺は限りのない欲のためにここへ来たわけではない。生きるためだ。ひとり立ちするためだ。世の中を見たかったんだ。」

「この船に乗っている連中で欲のために来た人間はいないよ。祖国愛のために来た者はいるかもしれないがね。それも多くはないよ。」

「祖国愛ね。そりゃあなんだ。」

「郷土愛さ。父母兄弟親戚のいる懐かしいふるさとの。」

「父母兄弟親戚のいる懐かしいふるさとねぇ。」

ふるさとと聞くと、ローマイヤーはあいまいな気持になるのだった。


河川用砲船の日常は緊張感に欠くこともあり、水兵はメランコリーに陥ることもあった。現地の人が怪訝な顔をして眺めているのを見ると、こちらも同じような表情になる。自ら解決するような現地人の揉め事の仲裁は、当事者に任せるしかない。たまに上陸して、船医が繰り返し講義していたことを思い出したりする。

ローマイヤーは女性が綱渡りをしているかのように歩いているのを見て不思議に思った。一人だけかと思ったら、何人もそんなふうに歩いている。足を縛られていたのだという。

「コルセットのようなものですか。」

「いや、コルセットははずせば、押さえていた物がみんなはみ出してくるが、あの足はもうもとにもどらない。形が変わってしまっているんだ。」

「なんでそんなことをするんですか?」

「物事を男が決めるからだよ。」

男所帯に育ったローマイヤーには、女性のことはあまりわからなかった。兄弟の一人でも女の子だったら、母の没後の発展も多少ちがっただろう。妹の一人でもいれば、家の中ももっとやわらかいものだったかもしれない。

彼は、船のコックと親しくなり、中華料理を習った。

チンタオ号に乗船して四か月、過ぎ行く岸辺を友に時が過ぎた。このまま時期が来れば、中国の肉の加工も見聞し、無事に帰国というところだったろう。ところが、五か月目の六月二八日に、オーストリアの皇太子がサライエボでセルビアの青年に暗殺されるという事件が起きたのである。

「なんてこった！」

普通の水兵は、政治の成り行きなんてものはあまり考えず、自分たちの義務を果たしている。この頃のドイツ人に、オーストリアは外国という感覚があっただろうか。オーストリアがゲルマンとマジャール（ハンガリー）に加えて、スラヴ民族のボスニア・ヘルツェゴビナを併合して、ハプスブルグ帝国の崩壊を防ごうとしていたのを、セルビアが恨んだのだといわれても、オーストリアもずいぶん戦争をしてきた国だから、またかぐらいの感じしかない。だが、オーストリア・ハンガリーの外相がビスマルクの長男に嫁した娘をもつ外務省官房長ホヨスを団長に使節団をベルリンに送ったとなると、ただでさえ戦争ごっこの好きなヴィルヘルム二世が悪乗りするかもしれない。この皇帝は新しい物が好きだが、進歩的というより気まぐれで、「実より名」の部分が心配されている。プロイセンを背負って立てる人だろうか。ドイツ帝国の運命を任せられる人だろうか。

オーストリアがセルビアに戦争を仕掛ければ後ろにロシアがいる。しかも、ドイツはロシアとうまくいってない。ロシアはイギリスと協商を、イギリスはフランスと協商を結んでいる。

その上、ヴィルヘルム二世は（障害児として生まれた彼にあまりに厳格だった母親の国）イギリスと建艦競争をしたり、ベルリン・ビザンチウム（コンスタンティノープル＝イスタンブール）・バグダットを結ぶドイツ鉄道建設（3B政策）で、イギリスのケープタウン・カイロ・カルカッタを結ぶ世界戦略（3C政策）とも対立している。

これは、大変なことになるかも知れないと、誰もが不安になった。

しかし、遠い中国の広州の河川から空を見上げている限り、雲行きが急激に怪しくなるようには思えなかった。ところが雲の流れはにわかに速くなったのである。

稲妻が来そうな空模様になった。

七月二八日に、オーストリアは本当にセルビアと開戦した。

三〇日、小型巡洋艦「エムデン」の艦長が西江上流のチンタオ号を訪れて、政情の緊迫を伝える。

ドイツは八月一日にロシアに対して開戦した。河川用砲船「チンタオ」は広州へ戻る。翌日、艦長は待ち受ける運命を知らない一〇人ほどの兵を連れてマニラの方へ向かった。

八月三日、ドイツはフランスに宣戦布告、ベルギーへ侵攻した。

ローマイヤーを含む三〇人前後の海兵は、青島へ向けて出発の命令を受ける。

多分、四日、イギリスがドイツに対して開戦したことなどはもう聞く術もなく、一行は地図と磁石を頼りに南京へ、それから山東省へと向かったのである。途中、八月二三日に日本がドイツに宣戦布告したことは、まだ知らなかったようである。小型巡洋艦「エムデン」の艦長は、日本駐在大使からもっと聞いていたはずだったが。


「どこへ行っても中国人がとても親切だったと、父はよく言っていました。中国は大きくてあまりニュースが入らないから、どこかで戦争が起きているなんてだれも知らない様子で、父たちは、村や町で、泊めてもらったり、食べさせてもらったり、むしろ歓待されたんだそうです。」

「それではお父様は、ますます戦争や植民地主義に疑問をもったでしょうね。」

「父だけでなく、みんな兵隊だから当然国の命令で青島に向かっていたけれど、行く先は租借地だし、祖国を守るという感じではなくて、開戦時に西部戦線へ向かった兵隊の様な士気はなかったようですよ。」

「でも、ここで戦争にまきこまれ、お父様の運命は大きく変わるわけですよね。」

四　第一次世界大戦

宣戦布告が出るときは寺々の鐘が鳴る

第一次世界大戦をシュトットガルトで体験した日本女性花・ベルツ（お雇い外国人エルヴィン・ベルツ博士妻）は、「欧州大戦当時の獨逸」で、次のように書いている。

「宣戦布告が出るときは寺々の鐘が鳴る。獨逸では、外国と仲違いになり、いよいよ是非を干戈に訴えることになると、国内の寺々で鐘をついて衆人に報らせるといふ古来の習慣だとは、かねて自分も聴いてはおりましたが、自分一生のうちにまさかそんなことには出会うまい、それが万が一開戦ともなり、もしか鐘の音を聴いたときの心持は如何であらうか、まして相手が日本であったなら如何であらうかなどと、とつおいつ気をもんでも果てしがないので、その時にはその時の風が吹くであらうと、当てもなく仕様なしに諦めていましたが、日本もついに敵国の仲間入りして、敵国の報知の鐘の音を聴くようになったときには、実に途方にくれました……」

花さんは、戦争の間ずっと敵国人としてドイツにいたが、敵国人だからということでいじめられることはなかった。西部戦線へ行く「ドイツ人」の息子に日本刀を持たせている。

青島の戦争に関しては、

「息子(トク・ベルツ)も通学していた暁星の同窓生が敵と味方に分かれたので、戦場で、ドイツだ、フランスだといわれても、友達に銃を向けられなかったので、戦争になりません。ドイツが負けたのは当然です。」

ともコメントしている。

「宅(ベルツ)が、あんなもの(青島)は、早く返してしまえといっていたのに、いつまでも持っているからこんなことになったのです。」

ともいう。

青島の子供たち、1914 年。(提供:ブレーマーハーフェン航海博物館)

ベルツは、一九〇二年の七月一五日から二七日の日記(菅沼竜太郎訳)に書いている。

「東アジアを旅行するものは、初めて青島を見てびっくりする。感じのよい、絵のような形の湾内に位置を占め、灰色・赤・緑と色とりどりの山のふもとに沿って、一見乱雑なように建ってはいるが、清らかな美しい都会で、家屋も多くは別荘

中国人の住宅地を訪れるドイツ兵、青島、1913-14 年。(提供:フレンスブルグ海軍士官学校)

風のものである。……カイゼル・ウイルヘルム海岸通りは美しくて広く、個々の商店、銀行、プリンツ・ハインリッヒ・ホテル、立派で高くはない。日本以来の知合いである上席判事クルーゼン博士のもとに宿泊。大規模の青島投資。輸入は非常に増加したが、もっぱら日本の商品で、直接清国人の方へ行くものである。ドイツの大商社は、目下のところ取引をやっておらず、青島の将来をいささか悲観的に見ている。それでいて、現在ですでに約六千万マルクを支出した。……

ドイツ人はこの土地を単に租借したにすぎないのだから、いずれにしても期限がくれば再び清国側の所有に帰するはずなのに、こんな大規模な建設をやるドイツ人の気が知れないと、清国側ではいっている。もちろん、そんなことをいうのを、ドイツ本国や青島ではあざ笑っている。だが、清国とドイツ帝国と、どちらが永く続くか、そんな

ことは誰にもわからない！……」（岩波書店版）

こんなことを書いたベルツが没した翌年の一九一四年、まさにオーストリア対セルビアの戦いから、第一次大戦が始まった。八月七日、イギリスの要請を受けた日本は、ドイツに対して膠州湾の軍備撤退と艦隊退去、租借地の日本への引渡しを要求した。ドイツがこれを拒否すると、八月二三日に、ドイツに対して宣戦布告をしたのである。

イギリスも驚くほどの早さだったという。いつかローマイヤーに関わるだろうとは夢思わず、私はこの歴史を高校で左記のように習った。

「……わが政府は、不安定な国内事情を打開するのになやんでいたので、大正三年八月、ドイツの勢力を東洋から追い払うために、イギリスから日本艦隊出動の要請を受けると、これを好機として、日英同盟のよしみを理由に進んで参戦を決定し、ドイツに宣戦した。わが陸軍はドイツの根拠地膠州湾をおとしいれて山東省一帯の地をおさえ、海軍は南洋におけるドイツ領諸島を占領し、さらに国連軍の要請によって、地中海方面まで出動して、連合軍の船を守った。」

（一九六〇年「日本史」秀英出版）

攻めたわけでもないのに、日本がにわかに攻撃したとして、ドイツやオーストリアでは反日感情が表に出た。オーストリアに住んでいた光子・クーデンホーフ＝カレルギー（一八七四〜一九四一）などは、「黄色い猿」と怒りをぶつけられた。おなじ光子が、三国干渉のとき、

「日本では、ドイツ人とオーストリア人どころか、西洋人の区別がつかないから、子供を床屋につれていくのにも、護衛がつきました。」

と書いている。

日本は三国干渉の恨みを晴らしたくもあっただろう。しかし、時代を覆う帝国主義の列車に乗り遅れたくない、あるいは、先発の列車も追い越したいという歴史の流れがあったのだ。ともあれ、メッツカー職人アウグスト・ローマイヤーは、青島へ向かう一人のドイツ兵として、ひたすら中国を歩いて行った。山東省に入ると、イギリス軍がいたから、ドイツの部隊だということがわからないように、数人ずつに分かれて、間道を進んだにちがいない。

泉にそいて茂る菩提樹

クリューガーによると、開戦時に青島の港には、砲船「イルティス」、「ティーガー」、「イヤグアー」、「ルックス」、「コルモラン」、魚雷船S90、小型巡洋艦「エムデン」、それにオーストリア・ハンガリーの巡洋艦「皇妃エリーザベト」がいたが、砲船は大砲を外して、これを陸に設置し、戦闘に役立たない船は沈められたという。

巡洋艦「皇妃エリーザベト」は、オーストリア・ハンガリーがまだ日本とは開戦していなかったので、法律的には、青島を離れるか武装解除しなければならなかったが、青島湾を出たとたんにイギリス艦隊の餌食になるだろうと、後者を選んだ。乗組員は下船して、ドイツ軍とお互いの武運を祈り、陸路、北京、天津などの中国領へ向かった。ところが、その後間もなくオーストリアが日本と開戦したので、彼らは青島に戻ってドイツ人に合流する命令を受けたのである。

しかし、「帰り」は怖かった。鉄道は不通、道はイギリス軍に塞がれていた。兵隊は私服や中国服に着替え、ドイツ・オーストリアに比較的友好的だった中国人に助けられ、間道を選んで時間をかけて戻ってきた。帰れなかった者も、途中で消えた者もいたようだ。

巡洋艦の大砲は陸に移され、無事に帰還した兵隊は予備戦闘員として待機した。

アジア各地から召集されたり志願したドイツ人や自称ドイツ人がかけつけて、約五〇〇〇人が青島に集まったが、その半分は、軍事教育を受けていない民間人だった。

祖国のためにと、高給な職場を辞してきた者をはじめ、たまたま港にいた商船のスチュワート、石炭仲仕、無銭旅行者、教師、宣教師、税関吏、鉄道員、エンジニア、職人、そして多数の商人がいた。家から来た者、アジア遍歴者、駐在員、アジアに生まれた者、一度もドイツの土を踏んだことがないドイツ人、なかにはやっとドイツ語を話せる者までいた。何台も車を持つ金持から、食うや食わずの者まで。だが、皆同じことをしなければならなかった。掃除、洗濯、油っぽい食器の水洗い、だれも召使はもたない。毎日人が来て人が出て行く。

ベッドがなくなれば床に寝る。自分のワラ袋は自分で管理する。誰かがもっていったら、鉄のベッドに寝なければならない。食事は「兵隊パン」が一番おいしいくらいに、まずかった。前線の仮兵

青島。左端が総督マイヤー＝ヴァルテック、1913-14年。（提供：フレンスブルグ海軍士官学校）

舎は汚く、掃除を繰り返してもカビが生え、南京虫までいた。

「ドイツの陣地に南京虫がいるとは……」

良い暮らしをして来た者には、これは最悪の状態だ。一日中気が狂ったようになって南京虫と戦っている者もいる。

一方、すでにイギリスに占領されていた天津駅から、口径一五センチの野戦榴弾砲を機関区から出るだけのふりをしながら、猛スピードで走り続けて青島まで持ってきてしまった豪傑もいた。青島に大砲はあったが、最新のものでなく、砲弾、弾薬にも限りがあった。

最後通牒の翌日、日本の艦隊が現れて砲撃があり、まず灯台に日本の旗が立った。

これは意味がないと見たらしく、じきに旗を収めて日本兵も消えた。その後何日か静かだったので、ドイツ側では危険が迫っていることも忘れ、気晴らしさえしていた。

海で事故死した戦友の埋葬に行った兵隊は、図らずも青島墓地の中に大きな穴を見つけた。これが戦死者の共同墓地になるはずときかされ、一同自分たちの墓場に見入る。

日本軍は九月中旬までに青島から北へ二〇〇キロも離れた竜口に上陸して、ドイツの砦に迫っていたが、ドイツ側は「素人」に兵隊訓練をしていた。二〇代の前半の者は、何にでも耐えられる。だが、三〇を越して、「アジアでのぜいたく」に慣れている者には難しかった。

泉にそいて茂る菩提樹　慕い行きては　うまし夢見つ……

歌の夕べに、皆が故郷を偲んだ翌朝は、

「里心のつく歌はダメだ。元気のつく行進曲を歌え。敵が近づいている。」

中国人のスパイが、日本軍の動向を教える。たまに来る海からの砲撃は、陸から攻めてくる部隊の位置を紛らわすためだ。イギリスの艦隊も加わっている、弾片の違いでわかる。日本のは端がギザギザで、イギリスのは平らだ、不発弾はイギリスのものだ。日本軍に雇われた現地人スパイも不思議な口笛で連絡しあっているようだ。敏感な者は、聞こえない音、見えない人影にも、敵の存在を妄想する。

中国人の泥棒が靴を盗みに来る。猿に脅かされる者がいる。

「水兵服は目立っていけない。敵に見つからない色に染めろ。」

ありったけの色に染め粉を使えば、制服は、黒、灰色、なかには赤にまで染まった。あとは、草や木を煮て、黄色や薄緑に染めた。なんだか、ちぐはぐで派手なのもある。

「われわれはカーニバルを待っているのではない。敵の襲撃だ。日本人は銃剣で戦う訓練を受けている。敵の後ろに回る傾向があるから、安全なものを背にするように。マン・ツウ・マンの戦いは避けるように。彼らは銃撃は苦手だ。騎馬戦には弱い。前哨部隊をなるべく長く砲弾で押さえて、戦力を惑わすように。」

五　青島陥落

一一月七日　夜明け前

青島では九月から一〇月に五～六週間の雨が降る。嵐を伴うこともある。厳しい雨と風の中を行軍する日本軍には、かなりの病人が出たはずである。砲台で待つドイツ兵は、激しい雨の中で裸になり石鹸をつけて体を洗った。堡塁にはシャワーはない。狭いところでお互いの体臭にむせるようだったのだ。雨季の終わりに向けて砲撃も頻繁になる。

一〇月一八日、海上に日本の軍艦が現れた。ドイツの魚雷船S59が忍び寄って魚雷を発射させて逃げた。まだそんな戦力が残っているとは思わなかったのかも知れない。艦隊はお互いの船の間隔をあけていたので、他の船にはボイラーの爆発のように見えたかもしれない。しかし、巡洋艦高千穂は乗組員二七一人と共に沈んでしまったのである。

ドイツ海軍。イルティス兵舎前の記念撮影、1914年。（提供：ブレーマーハーフェン航海博物館）

だが、間もなく日本の総攻撃が始まるのだった。

ローマイヤーの小隊がバラバラに青島に着いたのは、九月末か一〇月の初めのことだったにちがいない。遅れて来た者も、途中で命を落とした者もいただろう。九月二八日以降は、陸側のドイツの陣地は日本に奪取されていたので、司令部に到着するのは非常な危険が伴ったはずだ。ローマイヤーは運良く到着したものの、いきなり戦闘に転がり込んだのだった。他の河川用砲船の兵隊たちも同様の経路を辿って到着したはずである。

「詳しいことは聞いていないんです。戦争のことは忘れたかったんでしょう。何回か聞いたことがあるのは、戦闘が激しくなった最後の何週間かにやっと間に合って、気がついたら、激しい戦闘の中にいたということで、ショックだったんでしょうね、そのことが。弾を受けて内臓をぶら下げたまま逃げようとしていた友達を助けられなかった

日本軍の陣地。塹壕の中の日本兵、1914年。（提供：フレンスブルグ海軍士官学校）

話を聞きました。もっと、救いのない場面のことも聞いたんですが、私もそういう話はくりかえしたくありません。父も、そのようなことは、あまりにつらかったので、記憶の蓋をとじてしまったのかもしれません。」

とテアさん。この「内臓の話」は一〇月二五日以降のことだろう。

日本軍はジワジワと保塁に近付いていた。

二八日以降、砲撃はさらに激しくなり、休みなく続いた。

「大砲の音が物凄いものだったと言っていました。空がうなっているようで、耳をつんざくような榴散弾の終わりのない音がすさまじいものだったそうです。」

一方、ビスマルク砲台やイルティス砲台からの反撃は、日に日に弱まっていった。

弾薬がなくなったのである。

一一月一日の午後、冷たい風が吹き、港は白っぽい灰色をしていた。

この日、砲艦「イヤグアー」に伴われた巡洋艦「皇妃エリーザベト」の最後の戦いがあった。巡洋艦は日本の陣地に向けて三発からなる一斉射撃を繰り返した。日本側も一斉射撃で応えた。しかし、弾は届かず海に呑まれ水しぶきを上げた。これが最後の戦いだった。弾薬が切れた。その夜、巡洋艦は敵の手に落ちる前に自沈した。翌朝それを知った兵隊の中には、ジュネーヴ湖で暗殺された悲劇のオーストリア皇妃エリーザベトを、そして忍び寄る自分たちの戦いの敗北を思った者がいたに違いない。まさにそれはドナウ王国の、そしてドイツ帝国の崩壊の前触れだったのである。

その二日後、日本の八機に対して一機で頑張っていた「青島の飛行士」グンター・プリューショウ(一八八六〜一九三二)が重要書類を積んでドイツへ向かった(上海、サンフランシスコ、ジブラルタル、ロンドン、オランダ経由で九か月もかけてドイツへ戻るこのパイロットの帰還は一つの冒険物語である)。

青島の上空を一回転して南へ消えた飛行機を、ローマイヤーも見送った。日本軍に包囲されているドイツ兵には、この一羽の鳥がなんとも自由に見えたものだ。

西部戦線ではやがて、「赤い男爵」(英国でそう呼ばれた)マンフレッド・リヒトホーフェン(一八九二〜一九一八)が不幸な名を馳せて、短い命をフランス上空で落とすことになっていた。彼の飛行隊はイートン校の学友に向かって出撃する羽目にもなる。青島のドイツ兵の中には暁星で一緒に学んだ

日独戦の戦禍、1914年。（提供：青島砲台遺跡展覧館で著者撮影）

英仏と日本のハーフたちに銃を向けねばならなかった者がいたように。

一一月六日から七日の夜、日本軍はその圧倒的勢力で最後の砦に押し寄せた。

ビスマルク、イルティス、モルトケなどの砲台が総攻撃に遭い、七日の朝にはすべて占領されたのである。カール・クリューガーの手記には、五〇人足らずで守っていたイルティス砲台に押し寄せた日本兵は一〇〇〇人だったと書いてある。ドイツの約五〇〇〇人に対して、日本軍の兵力は七〇、〇〇〇（うち海軍二六、〇〇〇、鉄道、電信、看護部隊一五、〇〇〇人）だったといわれている。

まだ明やらぬ青島に、「バンザイ」がとどろいた。意味はわからないが、その声は怒濤のように租借地に響いたという。弾薬もないし、これ以上兵を殺せない。マイヤー＝ヴァルデック総督は、青島気象台の信号所に白旗を掲げさせた。アウグスト・ローマイヤーの「海軍」も、この「バンザイ」の轟きともに終ったのである。

青島陥落は、ドイツ本国にとって悲しい知らせではあったが、初めから無理だろうという空気が漂っていたことでもあり、非難されることもなく受け入れられた。

青島から日本へ

ローマイヤーは辺りを見回した。静かになったのだ。

一〇日間絶え間なくうなっていた大砲が急に黙って、破壊された砲台の断片にこだました「バンザイ」も、やんだようだ。

「バンザイ」、これがローマイヤーの聞いた最初の日本語だった。言葉なのか、叫びなのか、どよめきのような名状し難い音であった。

河川用砲船を降りてから、歩いて歩いて激戦地、うなる砲弾、バンザイ、静寂。

まずは放心状態だった。堡塁によっては、侵入した日本兵が探したものは食料だった。たばこや時計をもっていった者もいた。貧しい農家から来たのだろう。ローマイヤーも貧しさは知っている。

青島のドイツ軍は負けたのだ。

日本軍の犠牲と捕虜の数を合わせるために連れて行かれたと伝記に書かれている民間の菓子職人ユーハイムの伝記には、日本兵の入ったときの様子が描かれている。

「日本軍の去った後は、住民は殺され、婦女は辱められ、財宝は略奪される。」と聞いていたユーハイムの妻は、夫の留守に日本兵に侵入されて、血の止まる思いをした。

「日焼けに干し固まった顔。ぎらつく目。泥まみれの服装」をした兵が手に手に血のにおいがしみこんでいるような銃剣を構えていたのだそうである。

ところが、一人がポケットから赤や青の星を取り出して、子供に食べろという。毒ではないかと断ると、その兵は星を自分の口に放り込んでカリカリとかんだ。色とりどりの星、それは金平糖だったのだ。兵隊も、甘さにほっとしているようだ。

こういう兵もいた。そうでない兵もいた。店のお菓子をもっていった兵隊もあった。だが、チョコレートには興味を示さなかった。普通の日本人は知らない食べ物だったのだ。

捕虜はまず陸の方に集められ、何時間も歩いた。上官がもてるものは皆もっていけと言った意味がだんだんわかってくる。ローマイヤーは、途中で、日本兵やドイツ兵の死体、負傷者を見た。初めてちゃんと見る日本兵の部隊が、いくつも通り過ぎる。ずいぶんいたんだなあ。自分と同じような年の若い男たちだった。勝ち誇った様子はなかった。

食料や軍馬の餌を積んだ荷車が行く。誰に笑いかけたらいいのかわからないような顔をしている中国人が歩いている。女性や子供は見えない。逃げたのだろう。隠れているのかも知れない。生き延びたことさえ実感しない底なしに空っぽな時間だった。

最初の晩は、墓地の墓石の間に、毛布をもっている者は、土の上にそれを敷いて寝た。ない者は人の毛布にもぐりこんだりして、体を寄せ合って寝た。

二日目に誰が書いたのか、ドイツ語の捕虜心得が配布される。やっとわかるドイツ語だったので、意味をあてっこしているうちに最初の笑いが出た。

砲台に攻め込んできて、捕虜を安心させた将校らしき人のきれいなドイツ語の話が出る。

ドイツの倉庫からもってきたらしい食料が配られる。パン、缶詰の肉、塩、ワイン、ラム酒、油などなど。石の上に火をおこし、缶詰のカンでスープを作る。野菜は畑からもってきた。中国人のコックが日本人から卵をもらってきてくれた。

あるものを使った食事のマナーも食事の内容と同じくらいのレベルだったが、弾の飛んでこない平和な食事だった。スープがローマイヤーの胃にしみた。

山東省を何日か歩いて港に着いた。

はしけで船に運ばれ、乗船すると日本人の軍医が待っていて、簡単な検査の後、それぞれ甲板や船室に配分された。何もなかったが、新しいワラがしいてあった。雨の日に当たらなかった者は、乾いたまま輸送された。ここで初めて日本の食べ物を与えられ、食事の違いを知る。

「随分ちがう物を食べているんだなあ。」と、ローマイヤーは思った。

一九〇五年、東郷元帥がロシアのバルチック艦隊を破った日本海海戦の戦場だといわれる所を通って、日本までは三日かかった。

「お父様は、日本の陸地が見えてきたときの印象など話されましたか。」

「いいえ、それどころか、彼は自分がまだ生きていることさえ十分意識できないくらい疲れていたと思います。ブレーメンを去って一〇か月あまりの間に、あまりに多くのことを体験して、心身ともに限界に達していたと思います。」

このとき捕虜アウグスト・ローマイヤーは、二二歳。

輸送船が青島を出たときに泣いていた者もいたし、甲板にうずくまって遠ざかる東洋のドイツをいつまでも見ていた者もいたし、諦めきれない者さえいたが、ローマイヤーはとっくに「帝国海軍」に別れを告げていた。

職業軍人、愛国者、ロマンティスト、アウトサイダー、そして何年か住んだ青島に愛着を感じている者、さまざまな職業の人たちがいた。それぞれの立場があるだろう。だが、ローマイヤーはもうたくさんだった。美しいといわれる青島だが、ローマイヤーは砲弾の飛び交う戦争の中でしか見ていない。危険と破壊と、傷ついた人たちと、兵隊の死体と共にしか見ていない。

彼は青島を目指す何週間もの道すがら中国人に親切にしてもらった。

なぜ人は、この人たちを彼らの自然のままにしておかないのだ。

家主をそっちのけで、イギリスだ、ドイツだ、日本だと、一体どういうことなんだ。

血にまみれて死んで行った友達のことは、一生忘れることができないだろう。

絶望的な目、ゆがんだ顔が疲労の底に沈んだローマイヤーの脳裏をかすめた。

これはそのとき、彼の記憶に錨を下ろしたのである。

熊本から久留米へ

ローマイヤーは門司に着き、まずは熊本の収容所に輸送された。

途中の風景は素朴で平和だった。着替えがあれば、早く兵隊の服は脱ぎたい。

ローマイヤーが熊本へ着いたのは、カール・フォークト博士（後出）と一緒だったら一一月一九日。エミール・スクリバ（後出）と一緒なら、三〇日。熊本には捕虜は、四回に分けて到着しているから、その間かもしれない。熊本の捕虜総数は六五一人、一人死んだので、残りの六五〇人が七か月間熊本にいたことになる。将校は県物産館集議所、下士官以下は横手町の寺院、准士官以下は細工町の寺院に、従卒は米穀検査所を宿舎とした。最後のところが上級水兵ローマイヤーがいたところだろう。こんなにたくさんのドイツ人捕虜を突然引き受けることになつた地元は慣れぬ作業に、捕虜の方は生活の違いに当惑したはずである。


お寺は土足で上がる所ではない。捕虜は通常靴を脱ぐ習慣がない人たちだ。座敷には戸棚がない。ドイツ人は片付けたり整理したりできないと落ち着かない。捕虜は空箱や柳行李を探して私物を収納した。暖房がない。捕虜は小さな火鉢に集まり、靴下の上に毛布で作った覆いをしたり、草履を

久留米収容所のドイツ士官と兵。後ろから３列目の右端がローマイヤー。（提供：テア・ラバノス）

買ってスリッパの代わりに使ったりして足の冷えるのを防いだ。

食事、トイレ、衛生感覚の違い（ドイツ人は非常にきれい好き）、音、などなど……

日本側は当然、「捕虜は捕虜にして珍客にあらず」という気持があっただろうし、捕虜は捕虜で、ハーグ条約に従った人道的な待遇を期待した。

捕虜は、一般の日本人がどんな生活をしているか、日本人がどれだけのカロリーに甘んじているかを知る由もない。体のサイズの違いはお互いに誰のせいでもない。

日本の家屋は、その美しさ（わかる者には）はともかく、ドイツのしっかりした建物とは違う。まして、捕虜収容所は一時的な設備、ノミ、シラミがいるのも、収容所だけではないことを捕虜は知らなかった。

熊本では捕虜の滞在による経済効果への期待もあって、酒保への納入権をめぐる業者間の争いも生じたほどだったが、捕虜の労働の需要も労働市場もなく、その上、天

フォン・サルデルン大尉の葬式。福岡市内で強盗に殺害された妻の後を追って自殺。1917年3月。（提供：フレンスブルグ海軍士官学校）

皇即位の御大典に合わせての行事も決まり、捕虜を預かる寺院からの苦情も出たので、捕虜を久留米に移すことにした。それで、（脱走を試みて収監中の五名を除く）捕虜六四五名は、一九一五年六月九日に収容所換えになったのである。ローマイヤーもその一人だった。これだけの西洋人捕虜が一度に臨時列車で着いた時の久留米の物見の高さは想像に余りある。

「九日午前九時熊本を出発したる独逸俘虜将校シュットラット大尉以下六百五十名は松木少佐、黒川一等軍医、丸山中尉、野田看護長、衛兵、将校、下士官卒三十八名に護衛され零時三十分久留米に到着したり。列車は二十二台の臨時発にて、将校は一二等に分乗したるが、車中は大元気で軍歌などを歌ひ、窓外を眺めて楽気に語り合い、身敵国あるを知らざる者の如く停車すると争うてホームに降り立ち、手に手に荷物を提げ降る雨の中を熊本で買った和傘をかざし、ナポレオン帽や軍帽などの将校連中と柳行李やバケツ、薬缶などを提げるもあり、背には大風呂敷包みや大雑嚢を背負いたる珍な姿に、見物人は雨を物ともせず押しかけて見物する中を泥を踏みて、

共進会跡にて点呼を受け樫村少佐の訓あり……」(『九州日日新聞』大正四年六月一〇日)
同じ日、福岡からも一三二名が移転してきて、久留米は最大の「俘虜収容所」になった。
青島戦で最初にそのような施設ができたのも久留米だった。最初に五五名が来たのは一九一四年一〇月九日、京町梅林寺の書院(短期間)と日吉町大谷派久留米教務所に収容された。人数が増えると、篠山や高良台に支所ができたが、最終的には、ローマイヤーたちが来る一日前に、全員が三井郡国分村の久留米衛戍病院病舎再利用の「俘虜収容所」に集められたのである。
一九一五年六月九日、久留米の捕虜は総数一三一九人になった。これは、大変な数である。

久留米

「板東の天国に比べて地獄のようにいわれる久留米は、本当にそうだったのでしょうか。」

「私は、久留米の収容所に関して父からそんなに悪いことはきいてないので、久留米がひどかったというイメージはないのよ。ただ初めの所長は悪かったと言ってました。この人は、捕虜の食費を着服していると思われて、捕虜が抗議のハンストしたくらいですって。所長が変わると、よくなったんだと父は言ってました。」

テアさんのいう初めの所長とは誰なのか。

初代は、樫村弘道少佐だが、久留米の捕虜研究家堤諭吉さんにきいてみた。

久留米衛戍病院。収容所はこの隣だった。1914年。（提供：フレンスブルグ海軍士官学校）

「熊本から来たローマイヤーにとっては、二代目の真崎甚三郎中佐が最初の所長になります。捕虜将校を殴打して問題を起こし、捕虜の逃亡事件をめぐって地元の警察・新聞社と対立しました。その直後に真崎は陸軍省へ異動になります。真崎の後任が陸士で一年先輩で、駐英国武官だった林銑十郎中佐です。」

「えっ、真崎甚三郎、あの二・二六事件の陰の人物。青年将校を明らかに扇動しておきながら、無罪になった人……そういう人が所長じゃあ……」

「でも、捕虜のハンストというのは聞かなかったなあ。マア、当局に知られてまずいことは、記録されなかったこともあるかもしれません。」

真崎甚三郎（一八七六〜一九五六）というのはどういう人か。

彼は佐賀県の農家出身で、陸軍士官学校、陸軍

久留米収容所の壁。1916年12月13日。（提供：フレンスブルグ海軍士官学校）

大学出身、陸軍大臣のキャリア組、最後は軍事参事官だった。その軍歴は、一民間人には鳥肌が立つようなものだ。

怖いのはこういう人が教育に携わることである。彼は陸軍士官学校校長のとき、尊王絶対主義の訓練に徹し、二・二六事件の首謀者安藤輝三、磯部浅一などに多大な影響を与えた。首謀者は自決又は死罪になったが、反乱幇助で軍法会議にかけられた「先生」は無罪。

その後、荒木貞夫陸軍大臣と共に皇道派を形成。一九三四年に教育総監に就任。天皇機関説を攻撃して国体明徴運動を推進した。この動きを危惧した岡田啓介内閣の林銑十郎陸軍大臣と事務局長永田鉄山少将が、真崎を教育総監から大将に「格上げ」し、陸軍参事官という閑職に追いやる。太平洋戦争の後、真崎はA級戦犯として逮捕されるが、極東国際裁判で不起訴。彼の経歴を追うだけで戦争の歴史が回転すしのように目の前を通過する思いがする。

無罪や不起訴……真崎の人生に、一度でも反省や後悔や謝罪があっただろうか。


それでは林銑十郎（一八七六～一九四三）は、どんな人だろうか。

石川県の士族出身で、やはり陸軍士官学校、陸軍大将、陸軍大臣を経て、一九三七年には、内閣総理大臣にまでなっている。真崎の皇道派に対して統制派。両派の違いは良くわからないが、哲学は希薄で、権力争いの派閥の違いに見える。真崎と対立したといっても、どのみち右翼で、侵略戦争をいとわない軍人である。勝手に朝鮮派遣軍を満州に集めて「越境将軍」、結論に時間をかけて「後入斎」、果ては「なんにもせんじゅうろう」などといわれた。真崎、林、そして東條に至る軍人が政治家として一線にいたのでは、日中戦争から大東亜戦争への発展もさもありなんである。そのプロセスにはもっといろいろな要素があるにしても。

「テアさん、最初（実際は二代目）の所長は……なんて生易しいものではないのです。二・二六事件って知ってますか。その影に潜む真崎甚三郎だったんですよ。」

「二・二六事件……覚えているわ。大雪が降って、私たち子供は熱を出して寝ていたのよ。母がとても興奮していたのを、よく覚えているわ。」

なんで、こういう凄い顔ぶれが久留米の捕虜収容所長になったのだろう。軍都の人脈があったかもしれない。真崎と林の間には少なくとも二回の葛藤が見える。久留米の収容所長の交替と教育総監更迭である。

二人はお互いに虫が好かなかったか。佐賀県と石川県、農民と士族、性格……ともあれ、久留米に不評があったとしたら、その一端はこのような人が負っているはずである。

私が、フレンスブルグのドイツ国防軍の海軍士官学校で見つけた久留米の写真には、そういう軍人ではない、普通の市民やいろいろな子供たちの表情が写っていて、言葉さえわかれば、久留米の人たちも「ドイツさん」たちと話したかったに違いない。


真崎の殴打事件に絡んで、ベルリンの歴史家ゲルハルト・クレープス博士にきいた。

「ドイツの軍隊では、第一次世界大戦当時、『ぶつ』ということはあったのですか。」

「日本の軍隊では、一九四五年まで、『ぶつ』ということが普通のことだったようです。しかし、ドイツではそういうことは、一九世紀の前半になくなりました。プロイセンではナポレオン戦争まではそういうことが行なわれていました。しかし、そのときでさえ、士官や貴族の子弟からなる士官候補生を殴るということが可能だったとは思いません。」

ということで、将校を殴るという行為は、ドイツの軍隊ではなかったことなのだ。

気になることがある。真崎はドイツに留学していたのだ。真崎のドイツ語はどうだったのだろう。日本ではエリートでも、ドイツでは東洋から来たというので、馬鹿にされたか、馬鹿にされたと思ったことがあったかもしれない。あの優秀な森鷗外でさえ、ドイツ人の鼻を明かすのに躍起になっ

収容所のトイレ。（提供：テア・ラバヌス）

ている。真崎は日常会話にも事欠いたかもしれない。このときのイライラや悔しさがこもっていて、かつて自分を「見下した」ドイツ人が自分の権力下に入ったので「江戸の敵を長崎で討った」のかもしれない。

　軍服を着た彼の写真のもの欲しそうな勲章が、やっと果たした子供の夢を象徴している。

　旧ソ連の退役軍人の胸にどっさり下がっているのを思い出させる。


　久留米にはもう一つ、人の力ではどうしようもない不利な点があった。

　収容所は、青島の戦闘による日本の傷病兵の病室不足を補うために、衛戍病院西側の畑を買い上げて応急的に建てた仮設建築に多少の増改築をしたもので、狭い敷地は日本の軍関係施設に隣接していた。敷地は高さ二メートルの塀で囲まれ、その中に、五六人の将校用三棟と一六棟の下士官用バラックが建っていた。さらに、炊事場、洗面所、浴室、便所、収容所事務所、検察事務所があり、兵隊は、幅七・二一メートル、長さ五五メートルのバラックに八〇名詰め込まれた。建物内部は日本の兵隊の体格を基準に作られていた。

その上、青島派遣日本軍の主力は久留米一八師団、当然戦死者も出ている。この地方の息子たちが出征していることが、真崎甚三郎の姿勢のバックにもあったようだ。
青島が陥落して四日後の『福岡日日新聞』に次の和歌が載っている。

「射向かへる夷の国は亡ひしといつ新文の便りきくらん」

この夷（エビス）の感覚は、福岡だけでなく、日本全国の一般的感覚だったであろう。

収容所のゴミを集める人。（提供：フレンスブルグ海軍士官学校）

だが、雨の久留米の駅に「夷」が到着したときは、その異形にもかかわらず、やはり同じ人間として、市民はそれなりの礼節を持って迎えたはずである。息子や兄弟を戦地に送った家族も、親族の身を案ずれば、捕虜に冷たく当たる気にはならなかっただろう。偏見をもつ者はどこの国でもいる。だが、識者は、維新以来日本が多くのことを「お雇い外国人」から学び、どれだけ西洋のものを取り入れて「進歩」したか、知っている。
当時、軍人なら知っていたと思うが、蘭医大村益次郎はオランダ語を通してドイツの兵医学に通じ、山県有朋などがプロイセン憲法の影響を受けた兵制を選び、それまで、長崎のグラバーあたりが売った旧式の英国銃でフランス式調練が不徹底に行なわれていたところへ、日本政府の要請で一八八五年にモルトケが派遣した兵学教官クレメンス・メッケル(一八四二～一九〇六)参謀少佐が来日し、陸軍大学で教えた。陸大校長の児玉源太郎など、日露戦争のときもメッケルと連絡を取っていたし、山県や大山巌の陸軍改革にも影響を与えている。

板東の松江豊寿所長などは、そのような歴史を踏まえてドイツ人捕虜を扱ったのではないだろうか。よく書かれているように、幕末の会津藩の不幸な歴史から、敗者への「武士の情け」を知った人ということもあっただろう。だが、彼が板東以前に朝鮮総督府にいて、伊藤博文と一緒に撮った写真などを見ると、私も腕組みをしてしまう。板東における彼の心の余裕は、キャリア組と張り合う必要のなくなった気持のゆとりもあったかもしれない。ちなみに、映画『バルトの楽園』は、シナリオを読んだだけで、とても見る気にはならなかった。監督の出目昌伸の作品は『きけ、わだつみの声』でがっかりしていたので、またか、という感じである。こんなセンチでいい加減な映画は、とてもドイツの映画館で上映はできないだろう。日独協会とか、愛好者の間で自主上映とか、民放の深夜放送で放送されるようなことなら可能かもしれない。戦後のさめたドイツ人には、普通こういう「泣かされ方」は「勘弁してください」なのである。

一方、日本の海軍はドイツとはまったく関係ないかというと、軍事的なものではないが、一八七九年に来日したフランツ・エッケルト（ブレスラウとドレスデンで音楽を学び、ヴィルヘルムスハーフェン海軍軍楽隊隊長をしていた）は、海軍省雇教師として軍楽隊を育て、林広守の「君が代」に和音をつけ、ピアノ伴奏譜、吹奏楽譜を作った。二年契約で来て二一年滞日。日本の民謡にも心を奪われ、「仰げば尊し」「桜」など、エッケルトの編曲も少なくない。外国の曲も日本音楽の伝統に合わせて編曲（「庭の千草」、「魔笛」「埴生の宿」）している。彼は任期満了で一時帰国、二年後に朝鮮李朝の宮廷楽隊教師として赴任したソウルで一九一六年に病没した。

エッケルトが編曲した日本の曲は、当時の日本人が歌うのが彼の耳にどのように聞こえ、それを西洋音階でどう表現しようとしたか、その感受性にしみじみとしたものを感じる。

「民族性を理解するためには、その民族の音楽と言葉を知る必要がある」と、限りなく民族の心に近づこうとしたエッケルトは、青島陥落をソウルで聞き、何を考えただろう。

ドイツとはそんな関係だったから、捕虜は各地で多分に同情をもって迎えられたようである。だが、一般庶民は高尚なことはわからないから、現実の「俘虜」の存在は、見る者にも見られる者にも、お互いに「動物園」に行ったような興奮を感じさせただろう。テレビのような娯楽のない時代、「俘虜」の挙動、動向は、一々話題になったに違いない。

さて、久留米では、三代目所長林銑十郎の時代になると、乱暴なこともなく、違う文化で住むことにも慣れた捕虜の生活も落ち着き、事件も減った。バラックの生活は厳しいが、いつのまにかト

戦友シュルンドの葬式、1918年3月18 日。（提供：フレンスブルグ海軍士官学校）

イレも簡単な（汲み取り式）西洋便所に変わった。捕虜は、土木工事への使役、自分たちの野菜作り、家禽の飼育、スポーツ大会、収容所外への散歩、遠足が許され、文化活動が盛んになった。収容所の合理的な運営は、それぞれの所在地に課された課題だった。

一九一八年の八月、一九〇名が習志野、板東、青野ヶ原、名古屋に移転したので、久留米の過密状態はわずかながら和らいだ。板東移転組は、それ以前の窮屈さから解放されて人心地がついたので、「久留米のひどさ」を語り継ぐことになったのだろう。だが、ローマイヤーなどは移転していないから、比較して語ることもなかった。移転組が出た後の久留米は多少広くもなる。体の大きい人には、同じ空間でも小さい者にはわからない圧迫感があるようだ。

「捕虜生活の憂鬱を嘆いても生活はよくならないから、父は、解放後自分がどう生きていくか考えていたと思います。祖国に帰る家もないから、日本で生きていくことを考え出したと思います。

ただ、私が忘れないのは、五年間の捕虜生活ですっかり神経を壊してしまったから、普通の人間には戻れないと、父が言っていたことです。」

テアさんの記憶には、前向きになろうとするローマイヤーの姿勢が焼きついている。

久留米では早くから捕虜の料理参加が許され、下士官は早くから自炊を始めた。というより、食生活の違いから、自分で作らせるのが一番合理的だったのだ。味覚も食材も食べる量もちがう。ソーセージなるものを出されても、作り方を教えてやりたいくらいに、名前だけのものだったという。

熊本最後の食事について、『九州日日新聞』には、

収容所の売店に来たローマイヤー(左端)。(提供:テア・ラバヌス)

「スクリッパ(お雇い外国人スクリバの息子)をはじめ日本通の連中は大喜び。久々でお刺身のご馳走に早速箸をつける者あり……」


と書いてあるが、これは数人のことで、西洋人が刺身を食べるようになったのは最近のことだから、たくさんの刺し身が残ったはずだ。

私は二〇年前に、「日本人は生の魚を食べるんですってね」と変な顔をされたので、「生の魚を熊みたいにまるごとでガブリというわけではないんですよ」と、こちらも同じくらい変な顔をして答えたことがある。こんな人が今「sushi」なんか食べているので笑ってしまうが、それもアジアのどこかの国の人の調理した「すし」

食用に飼っているアヒル。(提供:フレンスブルグ海軍士官学校)

だったりする。

第一次大戦中ドイツにいたベルツの妻・花は、食べ物がなくなるとハンブルグからお米を取り寄せたが、初めは変な顔をされた。だがさすがに何もなくなると、小姑たちも米を食べたと書いている。捕虜の食料の問題は、現在のわれわれにはわからない深刻なものがあったのではないだろうか。久留米の一〇〇〇人のドイツ人の食べる肉の量を思うと、当時どのように肉を調達したのか、気が遠くなるような話だ。乳製品も黒パン・ライ麦パンもキャベツやトマト・慣れたスパイスもなかった。

久留米市文化財調査報告書には、

「叔父の家の西の方に早田さんという人がいて、豚を五～六〇頭も飼っていました。当時の日本人は、まだほとんど豚を食べず、早田さんは捕虜の食料として収容所に納入していました。珍しかったので、よく見に行きました。豚の餌は軍関係の残飯でした。」

と、久留米の収容所員吉村大尉の甥の人の話が載っている。

日本では豚どころか、明治時代初期でも卵は食べたが鶏は食べずに、卵を産まなくなった鶏は社

ジャガイモをむく捕虜たち。（提供：テア・ラバヌス）

寺に捨てたと、日本の女性洋画家第一号ラグーザお玉（一八六一～一九三九）が自伝に書いているくらいである。収容所の下肥を汲みに行っていた近所の農家では、ドイツ人からジャガイモの種芋を貰って栽培を始めたというから、収容所のある国分一帯では、捕虜が来る前はジャガイモの栽培もされていなかったようだと、久留米の堤さんが話してくれた。

「父は料理が好きだから、台所に入ることも少なくなかったと思います。材料があれば、ソーセージも作ったでしょう。」

実際に松尾ハム店からハムとかソーセージというものが来ていたが、ソーセージとは名ばかりのもので、『これ、どうやって作ったの？』というようなことで、出入りの商人と知り合いになったことはあるだろう。

「久留米に友達がいたんだと思います。私が子供の頃、父は九州へ行くことがありました。松尾ハムという名は聞いたことがないけれど。」

テアさんは、収容所の台所に立っているローマイヤーの写真を持っている。

久留米では、自炊は次第に下士卒の役目になったそうだ。そのほうがお互いに助かる。

当時の御用商人飯田安蔵の末裔が持っていたという解放後のローマイヤーの写真もある。末裔の方も因果関係はわからないそうだ。ローマイヤーは食肉加工の職人だから、御用商人とも、とりわけ、当時肉を納入していた西村精肉店とも友達になったのではないだろうか。西村という名はテアさんもよく耳にしている。

ローマイヤーは、収容所にいた法学博士で教養人のフォークトなどに日本語を習いながら、台所や食堂のつながりを通して、日本へ残る可能性を作っていたのである。収容所で働く他の日本人とも親しくなった。

少年時代に貧しくて楽器に親しむ時間などなかったローマイヤーは、フォークトにヴァイオリンを習った。久留米の収容所は、レーマン、フォン・ヘアトリング、フォークトなど音楽家に恵まれていた。楽器は、はじめのうち手製のお化けみたいな物があったが、ドイツ企業や扶助組織からの差し入れもあって次第に揃っていった。ローマイヤーは人間的つながりや音楽の好みからフォークトについたのだろう。クラシック好みで、作曲もするフォークトとの知己は、ローマイヤーに良い影響を与えた。

憩いのひととき。白い帽子の人がローマイヤー。(提供：テア・ラバヌス)

収容所楽団、オーケストラ、室内楽団があった久留米では一九一六年二月二五日にベートーベンの第八交響曲、三月四日に第五、一〇月一六日には第一、翌年三月二六日には第七、一九一九年一二月には第九が演奏され、板東や習志野にも引けを取らないくらい音楽は盛んだった。

第九の初演は板東の一九一七年六月一日といわれているが、同じ年の七月九日には久留米でも、収容所の中だけで第九が演奏された。ヴュルツブルグのシーボルト博物館の館長さんは、古物商、古本屋、オークションをまわりオリジナル・プログラムを集めていて、いつか、第九の日本初演久留米のプログラムが見つかるかもしれないとトクトクとしている。

ブレーメンでレスリングのユース・チャンピオンだったローマイヤーは、久留米では指導的立場にあり、テアさんがレフリーをしているお父さんの写真

久留米収容所、フォークトのオーケストラ。1915-19。(提供：フレンスブルグ海軍士官学校)

を持っている。真崎所長以降の久留米は、故郷のないローマイヤーに新しい故郷の礎を作ってくれた。

彼の日本残留の決心はここで固まっていったのである。

検問には時間がかかるが、捕虜は故郷からの手紙を待っている。だが、ローマイヤーはまれにすぐ下の弟から手紙を受け取っただけである。ドイツは遠くなった。

「お父様は石を投げられたとか。久留米の人から意地悪されたことはありますか?」

「そんなことは聞いていません。彼を苦しめたのは、久留米ではなくて、個の空間のない四年半の捕虜生活そのもので、精神的にすっかり参って、元の人間に戻れるかと不安になったこともあるそうです。一人になれる場所は、

レスリングのレフェリーをつとめるローマイヤー。（提供：テア・ラバヌス）

汲み取り式のトイレしかなかった。誰かが書いていているように『鉄条網シンドローム』に陥ってしまったのです。」

これは、エルンスト・クルーゲの手記「ドイツ兵士と久留米」にもある心境だ。

「神経の過敏さ加減は、最も落ち着いたときでもドンドンひどくなっていった。談笑中に見解の相違でも生じると、その話し合いが相互の罵倒と上気した顔に変わることがよくあった。まったく取るに足らないような些細なことを取り上げて、自分を失った。天にも上る高揚気分から落ち込みまでの気持の揺れが年の初めにはまだ大きかったのに、次第に失望と呆然の沼地に沈んでいき、ついには、まともな喜びも感じることができないようになった。」（生熊文訳）

「かすり」の里

一九二〇年、「捕虜番号三五〇二　膠州湾海軍砲兵隊上等水兵　久留米収容所　ブレーメン出身アウグスト・ローマイヤー」（一九一五年陸軍省名簿）は解放証書を手にした。翻訳ではローマイヤーの名前に「e」が一つ抜け、久留米俘虜収容所長渡辺安治（やすはる）がローマ字で「やすじ」となっている。解放は前年末に始まり、捕虜は数回に分けて出て行った。

解放時に、日本で自由の身になる捕虜が、シベリアに抑留されている捕虜の身の上を案じた家族への手紙もある。第一次大戦のハーグ条約加盟国における捕虜の扱いは、それまでより良くなっていたが、国によってかなりの違いがあった。ロシアでは革命が起きていたし、特にロシアでチェコ人が監理する収容所からのドイツ人捕虜の解放は遅れた。

音楽があり、合唱もあり、別れは号令をかけてするという類のものではなかった。

ドイツは敗戦したのだし、過酷なヴェルイサユ条約の内容も知っていたから、意気揚々と帰る者はいない。人それぞれの興奮と郷愁をもって別れた。いい奴もいやな奴も、一抹の名残を抱いて、車に乗ったり駅まで行進したりして、門司やその他の港に向けて行った。捕虜の飼っていた動物は現地の友人に贈られたり、放された。花壇や野菜園はそのまま残され、最後には荒れてなくなった。

地元との交流のさまざまな思い出も遠くなってゆくのだ。黒い目をキラキラさせて、好奇心を露にする土地の子供たちを見ると、嫌なことをしばし忘れることが出来た。

ローマイヤーが最も嫌だったことの一つは、夜番の日本人兵士が大声で話しながら歩いて回ることだった。なにを言っているかわからないが、とにかくうるさかった。収容所を出たら少なくとも夜を通して静かに眠れるだろうと思った。そのことばかり考える日もあった。

大正天皇即位の礼と大嘗祭の飾り。1915年11月13日。(提供：フレンスブルグ海軍士官学校)

ぬかった道をあけて、人々は手を振った。「さようなら」の声も聞こえる。

もう、到着したときのような「動物園ごっこ」はなかった。久留米の人たちも「俘虜」に慣れ、「俘虜」も一部軍人以外の日本人の善意に触れ、不思議な四年半が過ぎた。日本がもっと近い国だったらこの交流は続いたにちがいない。だが、捕虜のことは忘れられ、ローマイヤーのような残留組が少なからず、この国に根を下ろしてさらにドイツを伝えることになったのだ。

外務省の大正九年(一九二〇)一月二二日の在仏松井大使

幼い弟や妹を背負って遊ぶ久留米の子供たち。（提供：フレンスブルグ海軍士官学校）

宛て捕虜解放電送報告の内訳に、

イ）日本内地ニ於テ就職契約ノ成立シタル者
　一三七名
ロ）特別の事情ヲ有シ日本内地ニ居住ヲ希望スル者　三二名
ハ）送還セラルヘキ者ニシテ出発前解放ヲ希望スル者　三六名

その他、自費で帰りたい者三名、青島に就職成立した者四三名、青島に居住を希望する者七四名などが、各収容所でそれぞれの担当に引き渡されると書いてある。

四八〇〇人ほどいた捕虜には、帰国する以外に、いろいろな選択があったことがうかがえる。

一時は一六か所もあったという収容所は六か所（習志野、板東、久留米、似ノ島、青野原、名古屋）にまとめられていた。各地の収容所は、捕虜が帰国すると閉鎖され、次第に施設そのものもなくなっ

井戸掘りをする女性たち。(提供：フレンスブルグ海軍士官学校)

道端で洗濯をする少女。(提供：フレンスブルグ海軍士官学校)

ていく。現在では、博物館もあり、観光スポットにさえなっている板東収容所を除けば、各地で青島からの捕虜の研究をする人がかろうじてこの歴史の足跡を辿っている。

ローマイヤーを含む久留米の二一人の残留組には、皆が金を集めて餞別が渡された。

大正九年(一九二〇)一月一〇日の『福岡日日新聞』の「久留米に居残りの俘虜　将校下士卒百六十八名、解放は月末か」という記事に、「日本国内を希望する者二十一名、其中会社工場と契約を結べる者十三人、九州にては、久留米つちや足袋工場……」とある。

一月一六日の同紙には、「残留俘虜解放　本日久留米収容所にて五十名　日本内地勤務者二十一名」とあり、一九の会社の名前が書いてある。それぞれの就職者の名前の記載はないが、「東京帝国ホテル一名」というのが、アウグスト・ローマイヤーのはずである。帝国ホテルにも名前の記載は残っていない。直接雇われたのではなくて、会社から派遣のような形だと、名

捕虜を見物する久留米の子供たち。(提供：フレンスブルグ海軍士官学校)

前が残らないことがあるという話だった。

ローマイヤーは、友との別れの複雑な気持をカタツムリのような殻に隠して決心を守った。それは、ある意味では、「ドイツとの別れ」でもあった。

捕虜時代に久留米で出来た日本の友人が、東京行きの切符を調達してくれた。

一人で町を歩く。汽車に乗る。膝がガクガクする。信じがたい自由だった。

だが、久留米から東京までの道中、船の出入りする港が見えると目をそむけた。個人の空間のない狭いところから解放された自由を惜別が刺したのだ。同時に、男ばかりの生活空間に押し込められていたので、世の中には女性がたくさんいることに改めてビックリした。

私は何回か久留米に行った。

辛抱強く助けてくれた堤諭吉さんと捕虜も行った

捕虜を見るために集まった人びと。(提供:フレンスブルグ海軍士官学校)

高良神社へ登り、市を見下ろす。有明海に向かう筑後川が南へ回りこんで市を抱えているようだ。

右手はるか前方の元歩兵一八連隊と第一四旅団司令部と衛戍病院に囲まれるようにして「俘虜収容所」跡がわかる。

「なんといっても狭いのが一番の問題でした。」

「捕虜たちは狭い所から散歩に出られるのを喜んだでしょうね。ドイツ人は良く歩き回るんです。お雇い外国人ベルツ博士なんか、あまり歩き回ってスパイと間違えられました。ワンダーフォーゲルやユースホステルの生まれた国です。陽が出れば、彼らは外に出る。夏は毎日のように隣近所のテラスで食事している。陽が燦々とふり注ぐ日本から来た私なんか、そのありがたさがわからないので、ドイツ・テラスシンドロームなんていってるんですけれど。」

ローマイヤーも精神的に元の人間に戻れるか不安

だったというが、心理的ケヤーのない時代、ふさぎ、欲求不満、憂鬱症などが、変な奴とか協調性のない人間として片付けられただろう。外に出す、自己決定させるというような方法で病状を緩和することは、監理する側も時と共に学んだに違いない。「武士の情け」で対処したのは板東の松江豊寿所長だけではなかっただろう。

わたしには、「武士道」なるものを読んでも、「武士の情け」なるものがよくつかめないのだが、この「武士の情け」、日本の軍隊で次の戦争までに「人道」に育つことはなかった。

糸を紡ぐ女性。（提供：フレンスブルグ海軍士官学校）

第二次大戦の時の日本の捕虜の扱いは、同じ国のすることかと思うほど酷かった。

文明国であることを証明したかった日本が捕虜を「模範的に」扱えたのは、それなりの状況と理由があったし、捕虜の側にもそれを可能にする条件があったからではないだろうか。

「藤が終れば、久留米はツツジの名所．春は筑後川沿いの湿地に蓮の花がきれいだったと思います。秋はハゼの木の紅葉、ドイツ兵たちが帰った収容所跡地には、コスモスが咲いていたと、書いている人がいます。」と、堤さん。

久留米は絣の産地、「久留米絣」は、昔から筑後一帯の家内工業品だった。ローマイヤーは糸車や機織り機の音のするヴェーザーベルクランドで生まれた。「ルンペルシュトルツヒェン」(ガタガタの竹馬小僧)は、彼のワラも金に紡いでくれるだろうか。

菜の花の遥かに黄なり筑後川　漱石

六　東京で新しい出発

アルメニア人サゴヤン

一九二〇年一月末、ローマイヤーは東京に着いた。

青島陥落の年に完成した東京駅は西洋様式（ヒストリズム）で、戦勝を誇るかのように堂々としていた。青島から凱旋した陸軍司令官神尾光臣の宮中参内に合わせてオープンした（一九一四年一二月一八日）ものだという。

郷愁、不安、期待の入り交じった名状し難い気持で行った久留米から東京までの旅について、ローマイヤーは何も書き残していないし、あまり語ってもいない。彼は根っからの職人で、通常無口の印象を与えたが、実際はそうでもなくて、気が合うと、電車の車掌さんとか、知らない人と、いつまでも話していたという。しかし、解放された頃は日本語もそこまでいってなかったし、意識はまだある種深い霧の中に沈んでいた。

ローマイヤーが向かったのは、帝国ホテルである。イギリス人ジョサイア・コンドルにも学んだ渡辺譲設計の初代本館焼失跡に、アメリカ人フランク・ロイド・ライトの新館建築が始まるところだった。ここを見る限り日本は景気よく見えた。ドイツの潜水艦が連合国側の船を多数破壊したので、日本の海運業が発展して、船成金が現れたと聞く。ローマイヤーは貧しい人たちも見たし、農民や労働者の不満も感じていた。だが、東京は輝いていた。

東京駅で迎えてくれたのは、久留米の友人の知り合いだが、テアさんはその名をきいていない。今考えると、越後から江戸に出て鉄砲商を始め（一八六七）、西南戦争から日清日露の御用商人として富を築いた大倉喜八郎（一八三七～一九二八）が作ったホテルだから、久留米の御用商人も何らかのつながりがあったのではないだろうか。

東京駅から皇居に向かえば、青島の「バンザイ」のどよめきがよみがえる。あの数万の兵隊は、ここに鎮座する人のために死も辞さないという。ドイツの兵隊で皇帝は敬っても、皇帝に命を捧げる者はいただろうか。日本人と天皇の関係と、ドイツ人と皇帝の関係には根本的な違いがあるようだ。ドイツの皇帝は欠点も長所もある人間であって、神ではない。皇帝への宗教的なまでの気持を持つドイツ人がいるだろうか。虚と実の間でゆれたヴィクトリア女王の孫、プロイセンのラスト・エンペラーの人間像は地上のレベルで論じられてきた。

裏口とはいえ、着古した海軍の制服に身を包んだローマイヤーは気後れしながら、帝国ホテルへ入った。黙って、案内の人の後に付いて厨房に入ると、たくさんの人が働いている。慣れない環境に当惑していると、温和な顔つきの外国人が近づいて、話しかけてくれた。

パン・シェフのイワン・サゴヤン。アルメニア人だった。

「父の最初の友達サゴヤンはとてもいい人でした。小太りして小柄で、いつも機嫌が良くて優しくて、確か娘が二人いて、家族ぐるみのお付き合いでした」と、テアさんは良く覚えている。

サゴヤンは、ローマイヤーが来る一〇年前から帝国ホテルでパンを焼いていた。

一九一〇（明治四三）年、南満州の本渓湖で炭鉱開発を進めていた大倉喜八郎が、視察に行ったハルビンのホテルで食べたパンに感激して、そのパンを焼いた職人サゴヤンを連れてきて帝国ホテルのパン・シェフにした。日本に本格的なパン作りの技術をもってきた腕利きの職人だという。ロシア帝政時代に宮廷で働いていたこともあり、ロマノフの味も伝えたといわれている。だが、サゴヤンが日本に来てから五年目に、トルコでアルメニア人に対するジェノサイドが頂点に達し、ローマイヤーが久留米にいる頃、ロシア革命で最後のロシア皇帝も暗殺された。サゴヤンの笑顔に浮かぶ一抹の寂しさを、ローマイヤーは見逃さなかった。

サゴヤンは毎朝空を眺めてからパンを焼いた。温度と湿度が微妙に影響するので、天候によって焼き方がちがうのだった。だが、ローマイヤーとサゴヤンが一緒に空を眺めるときは、パンのためだけではなく、遠くに何かを探す無言の瞬間を共有したからである。

サゴヤンはホップを発酵剤として、ウクライナの粉を使い、石の釜でパンを焼いた。

「パパ（ローマイヤー）も、毎日気温を気にしていました。今のように冷凍設備がなくて、氷屋さんが氷を届けてくれるんだから。サラミを作るときに氷が必要で、早くとけるような日は作れなかった。生ものを使うので、気温や湿気には敏感でしたよ。」

と、テアさん。

サゴヤンは、一九三八年に帝国ホテルを退職したが、現在いろいろなバリエーションで売られているメロンパンの発明者かもしれないともいう。昭和二年（一九二七）頃、帝国ホテルの宴会やレストランで出していたガレットという七センチ程の細長い網目の線の入ったパンを庶民用にアレンジして、浅草の「風越堂」が売り出したメロンパンに違いないという説だ。だが、このパンの起源には、ヴィーン説とドイツの「シュトロイセルクーヘン」説もある。メロンパンは捕虜収容所から、という仮説も読んだことがある。いろいろなパンが混ざってこういうものになったのだろう。

「パンもおいしかったけれど、父は外国の料理を習うのが好きだったから、サゴヤンからロシア料理を習いましたよ。ピロシキ、ボルシチ、ストロガノフなどいろいろとね。」

「あのぅ……サゴヤン、アルメニアの人ですよね……」

「そうよ。トルコのアルメニア人迫害を逃れて東の方へ行った人の一人。父もその話はサゴヤンからきいていましたよ。」

世界最古の文化をもつというアルメニア人は、アセルバイジャンの西、イランの北、アララト山の麓、トルコの東の部分に住み、複雑な歴史をもっている。前一世紀ごろ成立した帝国は、ペルシャ、ビザンティン(東ローマ帝国、現在はトルコ)、アラビアなどに支配され、ジンギス汗やチムールに滅ぼされた後、周辺勢力の衝突の中で抑圧された。民族運動が起こった一九世紀の半ばからトルコ支配下のアルメニア人への迫害が激しくなった。

日本ではあまり知られていない話だが、一九一五年から二三年まで、トルコはアルメニア人一五〇万人ほどを虐殺したという。人々を住居から追い立てて銃殺するのだが、途中で、殴殺、撲殺、レイプが行なわれ、最後には水も食物もない灼熱の砂漠へ追い立てて自然の武器で確実な死に追いやった。だいぶ前に私は、この虐殺を逃れてフランスに住み着いたアルメニアの人を訪ねたことがある。その頃はアルメニアはソ連の一部になっていたが、彼らが自分たちの国を作るという確信を聞かされて、無言の腕組みをした。

だが、その後ベルリンの壁がとれ、ソ連も崩壊し、本当にアルメニアが戻ってきたのである。最近、同じ人を訪ねて、アルメニアが出来たので帰国した人はいるかと聞いたら、アルメニアは心のアイデンティティだが、多くのアルメニア人の故郷はトルコになってしまってもうないのだそうだ。アルメニア語を話して舌を切られた人を見たお祖父さんはトルコ語しか話さなかったから、お祖父さんと話すためにトルコ語を習ったが、彼女はフランスでアルメニア語の先生をしているということだった。

一九世紀後半に始まるトルコのアルメニア人迫害は、一九一五年から二二年のジェノサイドでそのピークに達した。だが、このことは、第一次世界大戦のドサクサに紛れて世界に報道されなかった。ドイツ人が撮った映像は保管されていて、最近の報道ではっきりと公開されたが、当時のドイツ帝国はトルコとの関係を保つために、公表しなかったのだ。このジェノサイドは、まさにヒットラーのホロコーストの手本となったといわれている（現在トルコはこの過去を否定しているだけでなく、アルメニア人ジャーナリストがイスタンブールで暗殺されたりもしている）。

戦争と捕虜生活の経験で精神的に参っていたローマイヤーは、サゴヤンが、その運命にもかかわらず、優しさと人間に対する信頼を失っていないことに感動した。彼の人柄は、不慣れなローマイヤーを温かく包んで、先輩として、折に触れ忠告もしてくれた。

日本人にも親しまれて生きているサゴヤンの人間像を見ていると、ローマイヤーも故郷から遠く離れてやっていけそうな気になった。その頃のローマイヤーは、日本に残る決心はしていたが、確実なものは何一つなかった。悲観的にならないことだけを支えにしていたのである。

だが、彼はすぐに、帝国ホテルで求められているものが、宮廷風であり、フランス風だと気がついた。彼には異質の世界だった。ここでは、実力を発揮する前に、彼の資質が必要とされなくなるだろう。大倉喜八郎も人をフランスに留学させていた。

麹町区平河町

ローマイヤーは、東京でもう一人の友達を訪ねた。久留米で一緒だった人エミール・スクリバ(一八九〇〜一九三二)である。彼は、ベルツの同僚のお雇い外国人の外科医ユリウス・スクリバ(一八四八〜一九〇五)博士の次男、東京に生まれ、ドイツに留学して日本へ戻り、予備将校として青島に従軍。捕虜になって、熊本と久留米でローマイヤーと一緒だった。彼は後に習志野に移ったが、その理由は東京に実家があることと、日本語を母語とするので、青島の戦利品であるシェパード犬の調教師の通訳として、警視庁に最も近い習志野へ移されのだという説がある。

また、彼の飼い犬が主人を探して麹町から習志野まで行ったという言い伝えもある。解放後、日本窒素に入社し、麹町の父スクリバ博士の敷地に住んでいた。

スクリバ博士は大津事件(一八九一)のときに、明治天皇の命で、津田三蔵に襲われたロシア皇太子の治療のために京都で待機していた外科医であった。博士の家は麹町区(現千代田区)平河町二丁目(ほぼ現在の国立劇場と赤坂プリンス・ホテルの間)の一五〇〇坪前後の広い敷地に、鹿鳴館や上野博物館の設計者で「お雇い」イギリス人ジョサイア・コンドルが設計した西洋館だった。洋館の向かいは、井上馨や安田善次郎の邸宅で、隣は三井家だった。

博士の妻は、結婚しない師を案じて弟子たちが探してきた芸者さんで、和風の生活を変えず、洋館の後ろに純日本風の家を作らせ、徹底的に日本風を貫いていた。居間には火鉢があり、友達を招いて彼女は真ん中にすわり、キセルを吸っていた。友達の中には、シーボルト・イネやその娘もいたそうだ。その家の前には池があって、池の辺の少し先の小さな家には、ドイツから帰国した花・ベルツが身を寄せていた。文化に橋をかけようとした花と日本人で押し通したヤス・スクリバの生き方は対照的だった。

池の反対側には、エミール・スクリバとその家族が住んでいた。あと何軒か、庭師、運転手、お手伝いさんなどが住む家があった。庭の築山には紅葉が植わり、椎の木の林の向うに東アジア研究所の屋根が見えた。それは、身よりもないローマイヤーには気後れするような環境であったが、スクリバの人柄から、親しくなったのである。二人はビールを飲んだりカードに興じたり歌を歌ったりした。そこでローマイヤーは優雅な日本にひたり、不思議なドイツに帰ることもできたのである。

広い敷地にはもう一軒の家があり、解放後元総督や参謀と共に帰国したカール・フォークト（一八七八～一九六〇）が、日本に戻って来て借りた。外交官で法律家のフォークトは、戦前持っていた横浜の法律事務所を再開した。彼は、ローマイヤーにとって尊敬する兄のような存在で、久留米ではバイオリンを教えてくれたし、彼を音楽に近づけてくれた。だが、ローマイヤーが収容所楽団で一緒に弾けるほどに上達したかはわからないと、テアさんは言っている。

収容所のフォークトは常に包容力があり、不満を募らせる者をなだめて相談に乗り、日本人との間に入り、理性的に問題を解決していた。もっと広い板東に移れると言われた時も、それまで育てた楽団と、捕虜たちから別れるより久留米にとどまることを選んだ。

実家（ポーゼン）もポーランドになってしまったので、日本で生きる道を探すと言うローマイヤーを彼は励まして、再会を約して別れたのだった。

文化人フォークトと陸軍予備将校スクリバと職人ローマイヤーは、階級にこだわらない人生の戦友で、二つの文化の狭間で生きる運命の船の同乗者だった。青島の戦争の話、最後の皇帝ヴィルヘルム二世の批判、ドイツの不景気や混乱、日本での仕事など、話すことはたくさんあった。将校スクリバも外交官フォークトも、戦争中のアルメニア人ジェノサイドのことは知っていた。こういうことは、いつか必ず明るみに出るだろうと、話したものだ。

ローマイヤー・ソーセージ製作所

ローマイヤーは帝国ホテルで数頭の豚の飼育と加工を任された。幸せなことに自分で飼育した豚で、ハムとソーセージを作り、料理人と数人の客に試食してもらうことが出来たのだ。

この製品の味と香りが好評で、間もなく数人の出資者が独立を勧めてくれた。サゴヤンもこの機会は逃さない方がいいという。この時の出資者は「資生堂の福原社長、神田の医学機輸入商後藤風雲堂西村社長、日本橋のシュミット商会、日比谷の一色活版所の社長」だったという。ローマイヤーは帝国ホテルを辞めた。山手線大崎駅から南へ約一キロ半の所、南品川三つ木に約五〇坪の工場が建ち、会社は合資会社ローマイヤー・ソーセージ製作所と命名された。

こうして、一九二一年、早くもローマイヤーは独立したのである。二九歳であった。

左からスクリバ夫人ヤス、長男フリッツ、次男エミール、三男ハインリッヒ。（提供：エミー・岩立 = スクリバ）

当時ローマイヤーに弟子入りした（後の）大多摩ハムの創立者小林栄次の回想「ハムの歴史とともに五十年」にこの頃の様子がうかがえる。

「……長野県から義兄を頼って上京し、困っていた小林に旅館を教えてくれた人が、翌日わざわざ旅館まで訪ねてくれて、近くの工場に勤めているけれど、『今小僧を一人探しているから、やる気があるなら、主人に紹介してやろう』

というのだった。」

この主人こそローマイヤーなのだが、覚悟して上京してきたのだからと、このローマイヤーの工場で働くようになり、生まれて初めて「ハム製造」と巡りあったのだという。

住み込みはつらいものだと言われるが、小林も積極的にやる気持で、つらいとも苦しいとも思ったことはなかった。おそらくローマイヤーの徒弟時代もそうだったろう。

第一は機械洗い、一日の仕事の後で、完璧な機械洗いであった。

「食品を製造する機械であるから、徹底的に清潔にしなければならぬ。清潔ということに関しては、ドイツ人は非常に厳格でやかましかった。朝、出勤してくると、ローマイヤーはポケットからジャックナイフを出して、機械を削って調べる。ほんの少し肉片でも付着していると、すぐ小言をいう（ここで小言をいわないドイツ人はまれだろう）……『食品は衛生的に作らねばならぬ』『与えられた仕事は何でも、いい加減なごまかしをせず、誠実にやらねばならぬ』、この二つの大切なことを知らず知らず自然に身に着けた。」

これは生涯にわたって、小林栄次の無形の財産になったという。

ロースハムの発明

ローマイヤーは、商業ベースで本格的な洋風ハム・ソーセージを作り始めた。

この一年後には、函館でカール・ヴァイドル・レイモンが同様のことを始めている。

本格的な食肉加工が行なわれた捕虜収容所もあった。徳島収容所では、オットー・ハナスキーが、一九一五年の年末にウィンナーをはじめ四種類のソーセージで店を開いているし、習志野でも、カール・ヤーンなどが千葉県にあった農商務省畜産試験場の技師に協力して、伝統的なドイツのレシピーでソーセージの生産をしている。習志野の星昌幸氏の資料には、習志野の捕虜収容所にいたドイツ人としては、ヤーンの他、ブッチングハウス（ママ）、ヨーゼフ・ファン・ホーテン、ヘルムート・ケテル（後にローマイヤーの所で働き独立する）、トーマス・ペーターセンが日本人技師に食肉加工を教えていたと書いてある。まだほかにもいたかもしれない。

それまでにも、日本に「ハム・ソーセージの類」がまったくなかったわけではない。江戸前期に中国から琉球を経て豚肉の加工品が薩摩に伝わっている。オランダ屋敷内で、「ほうとい（ハム）」が作られていたらしい。

明治五年（一八七二）、長崎県大浦の片岡伊右衛門が米国人ペンスニより伝授された方法でハムを作った。明治六年に北海道開拓使庁が東京で、明治九年に札幌養豚所で、ハムの試作が行なわれた。

同一〇年の第一回国内博覧会には、長崎の福屋藤七が「ほうとい」を出品している。

どんな味だったのだろう。

私が三〇年前にドイツで食べたオランダの豆腐も一応「豆腐」だったが、その後ドイツの健康食品店などに出た豆腐は、豆腐とは名だけのものだった。最近では、まともな豆腐も手に入るようになったが、日本での初期のハム・ソーセージにもそういうことがいえるかもしれない。

「明治七年頃に、英人ウイリアム・カーティスなる者、鎌倉郡川上村において製造したるを初めとす。」という記載が大正二年（一九一三）の神奈川県史にある。このカーティスの弟子斉藤満三（万平？）、益田直蔵を経て、「鎌倉ハム」の発祥になったという。この技術から明治三三年（一九〇〇）に、富岡周蔵の鎌倉ハム富岡商会が創立された。

大船駅で「エーお弁当はいかが、エーサンドイッチはいかが、エー新聞、マッチはいかが」とハムサンドを売った大船軒が、ハム製造も始めたのだという。これが今も健在の鎌倉ハムである。その後、一九一四年に、横浜で帰国船に乗り遅れて図らずも日本に留まったドイツ人マーティン・ヘルツから技術を学んだ大木市蔵が、日本人として最初のハム・ソーセージ専門店を銀座に開いた。皮肉にも青島戦開戦の年だ。

その後、青島からの捕虜たちや東部戦線脱走兵カール・レイモンの時代が来るのだが、当時日本には畜産が発達していなかったから、豚腿肉の本物のハムは難しかった。

正統派で一頭の豚の腿肉で作ったら間に合わないし、一般の口には入らない非常に高価な物になってしまうだろう。そこで、ローマイヤーは、横浜「南京町」の中華料理店などで肩の肉やバラ肉を使った後の残りの背肉と、ロースに目をつけた。これで日本人の口に合う洋風ハムが出来ないものだろうか。そういう肉をロールにして、だが、燻製にしたら、日本人には食べ方がわからないだろうから、ボイルにするのがいいだろうと考えた。

こうして作り出したのがボイルドハム、つまりロースハムだったのだ。これは子供の頃から、ないものを工夫してきたローマイヤー、ないもので料理をしてきた捕虜ならではの思いつきだった。ハム・ソーセージが知られていない日本では、調理法などは先の話、まず、切ってすぐ食べられる一般向き「ハム」を作らなければはじまらない。

もちろん、当時彼の元にいた小林などの日本人から、日本人の食生活に関しても話を聞いていただろうし、ぜいたくを知らない弟子たちの支えも無視することはできない。

「ロースハム」は、こうして、一九二一年に誕生した。

私も各地でおいしいものの多くが「あるものを工夫して出来たもの」だということを体験してきた。おいしい物とは貧しい者の夢が作ってきたのかもしれない。

「ユーラシアのパン職人サゴヤン」も味をほめてくれて、帝国ホテルが得意先になる。それから横浜グランドホテル、東洋軒、精養軒、中央亭、三越、銀座亀屋、菊屋などの一流店に売れた。ドイツ製スライスラーも買い入れ、切り売りの実験をやって好評を博した。スクリバ、フォークト、後にやはり捕虜だった学者のヴェークマンなどのドイツ村がローマイヤーで顔を合わせるようになるのだった。それまで、まともなハムといえば、リビイのハム缶しかなかった時代に、新鮮なハムが現れたのだ。ドイツ、オーストリア、スイスなどの外交官、ジーメンス、ボッシュなどの駐在員の耳にするところともなる。

小林栄次は、「最も日本人向きとして広く生産されている現在のロースハムは彼の独創品で、大正一〇年にボイルドハムという商品名で市場に出しました」とも、「これは日本食肉加工業界の大きな革命であった」とも書いている。これはやがて日本の代表的なハムになるのだが、一般への浸透は簡単ではなかった。やはり知らない物だし、手も届かなかったのだ。

「日本人はハム・ソーセージなんか食べないから、はじめは大変だったのよ。」

「当時ローマイヤーのところには、捕虜だった他のドイツ人も働いていたようですね。」

「そうね。父は、出て行って独立した人のことは何も言わないけれど、材料に気を使って本物を作るから、競争相手が出来れば、自分がそれだけ働くことで値段を抑えていたみたいなのよ。だけど、二年で関東大震災でしょ。」

一目ぼれ

「お母様と知り合ったのは、震災前ですか?」

「そう、震災のときはね、地震が止んだらすぐに父は七輪を外に出して、材料もみんな出して、作ったものをただで配ったんですって。雨が降り出したら、七輪の上に母がコウモリを広げて助けたそうよ。火が消えないように。食べ物がなかったから、皆喜んでくれたし、結果的には、どんなものを作っているのか、試食してももらえたそうよ。」

「お母様とはどこで知り合いになったんですか。」

「それがね、どこだかわからないけれど、町を歩いていて一目ぼれしたらしいの。母はまだ一六歳の少女だった。父は彼女がすっかり気に入って忘れられない。それである店に入るのを見て、その店の主人に頼んで紹介してもらったらしいの。それが後で仲人もしてくれた西村さんではないかと思うんだけれど、連絡が途絶えて……」

「久留米時代の御用商人、西村精肉店と関係があるのではないんですか。」

樋口フサ、ローマイヤー夫人。19歳、大崎にて。（提供：テア・ラバヌス）

「さあねえ、私たちの生まれる前のことで、名前は良く聞いたんだけど、父は時々九州に行っていたけれど、最初の出資者の中にも西村という人がいるし、どの西村さんだか……」

久留米の堤さんに西村精肉店の末裔を調べてもらったが、現在はまったく不明とのことだった。

少女は、樋口フサといい、一九〇

六年生まれ、ローマイヤーより一四歳年下であった。

フサの母の最初の夫は子供を三人残して早死にした。再婚した夫（豊蔵）も三人子を作り死んでしまった。末っ子は早世。娘が二人残された。その一人フサは、ニュージーランドから来た英国人と結婚して子のない異父姉に預けられ、英国風に育てられた。多少の英語も話したわけである。そんな雰囲気が、異国に暮らすローマイヤーに何か他の日本娘と違った自分に近いものを感じさせたのではないだろうか。

フサは父を亡くし、早く独立しなければならなかった。ローマイヤーも早く母を亡くして苦労した。可愛いながら、彼女は自分を支えてくれる強い力を持っているように見える。

考えてみれば、男所帯から、修行時代、海軍、捕虜収容所、まったく男ばかりだった。

妻のいる捕虜の面会日など、気になったものだ。この部分はあまり語られないが、一〇〇〇人もの捕虜が、女性のいない狭いところに閉じ込められている状況は、大変なものだった。収容所の演劇で女役をする美男が追いかけられたり、男同士の愛もあったし、外出を大目に見られている将校などもあった。だが、下士卒は……軍隊という規律の中で名誉を背負っているとはいえ、あれだけおとなしかったのは、信じがたいほどだ。語られない話もあるだろう。

ローマイヤーが、初めて心から感じたやわらかくて温かいもの、それが樋口フサだったのだ。

この人を妻にしなければ、明日はないというくらいに恋に落ちてしまった。今まで経験したことのない明るく軽く、そして力強い気持だった。

「フサさんも好きになってくれてよかったですねぇ。」

「そうねぇ、よかったわねぇ。」

「お父様は美男だったですものねぇ。好きと言われて、ヒジテツくらわす女性というのも……いたかなぁ……まあ、少なかったでしょうね。」


フサも世話になった義兄が英国人だったので、当時のほかの女性のように不安は感じなかっただろう。彼女の母にしてみれば、二回も夫に先立たれて苦労しているから、娘が求められて、助かったようなものだった。だが相手がかなり年上の「外人」なので、周囲に反対もなかったわけではない。まだ「国際結婚」は、白眼視される時代であった。

「ラシャメンと囁く周りの人の声が、一生母の耳から消えなかったそうよ。」

ローマイヤーより先にスクリバも結婚した。彼の妻は、アメリカに留学した進歩的な人の娘で、祝福されて一緒になった。大正になると、外国人の妻となった日本女性に石を投げるようなことはさすがにまれになったが、ヒソヒソ……は相変わらずだった。彼女たちは、親切にされることはあっても、どこというでなく、普通の日本人の社会からは区別された。

そんなことにおかまいなく、恋するローマイヤーは幸せだった。仕事も順調に進んでいる。日本に残ってよかった。いつか広いところで畜産も始め、いい材料も確保できるだろう。

関東大震災

ところがある日、物凄い地震が来たのである。

物が倒れて、家も傾き、交通は止まり、物の落ちる中を人が這うように逃げ惑う。

ローマイヤーはとっさに材料を外に出した。電気の冷蔵庫なんかない時代、家に入れなくなったら材料は腐る。それなら、あるものみんな食べてもらったほうがいい。地下室にあった物を皆出して近所に配った。揺れが収まると七輪に火をつけて、大鍋に湯を沸かし、ヒサがスープを作る。余震が来た。しかし、ローマイヤーは出来た物を配って歩いた。

フサもスープを出した。

「日本にいさせてもらっている。恩返しだ。皆さん、食べてください。」

その夜(一九二三年九月一日)、ローマイヤーは、フサと庭に蚊帳をつって眠った。

目が覚めると、麹町にいるフサの姉夫婦の安否が気になった。ローマイヤーは翌朝、自転車に乗って品川から麹町へ向けて走った。暑い。火事だ。あたりは地獄の様相を呈している。自転車が硬くなった。タイヤが溶けている。道の脇の亡骸。川にも浮いている。タイヤは完全に焼き切れた。自転車を置いて歩く。もうすぐだ。親戚の家が見えてきた。するとそのとき、彼にぶつかってきたものがある。次の瞬間、何人かが襲ってきた。

「朝鮮人だ、この野郎！」

押し倒されて、恐ろしい顔に取り巻かれて、血が凍るような瞬間だった。

「やめろ、やめろ、ドイツ人だよ！」

叫びながら中に入ってきたのは、フサの義兄だ。彼は間に入ってローマイヤーをかばった。

「ローマイヤーが、チョウセ……」

「知らない人はみんな『チョーセンジン』だったんでしょう。井戸に毒を入れたなんて。この噂を流した人が大体わかってるんですってね。」

「そうなんですか。私が韓国の人から聞いた話も、身の毛もよだつ話でしたけれど。」

親戚は安全だったので、ローマイヤーは今度はフサのことが心配になり、歩いて品川へ戻った。彼は、日本の暗い部分を見た。恐ろしい体験だった。なぜか、青島の「バンザイ」の轟きがよみがえり、震えた。しかし、彼はフサを愛していた。


一〇万人以上の犠牲者が出たという関東大震災は、青島陥落前夜に勝る地獄絵だった。

ローマイヤーの大崎の工場も壊れた。ところが、

「なんで会社の商品を無料で人に配ったんだ！　売り物だよ！」

出資者に責められて、ローマイヤーは耳を疑った。

考え方が違う。大崎を続けるのは無理だと思った。

「なんていうことを言うんでしょう。あの人たちとは一緒にやってはいけないわ。」

ローマイヤーは、独立して、フサと二人でやっていこうと思った。

解放後三年。簡単ではないが。やれるような気がした。

弟子は語る

一九二三年、当時の荏原郡品川二日五日町（現・品川区南品川五丁目）に土地を借り、小さな工場を建てて、ローマイヤーは出発したのである。最初は庭に石を置いて火を焚き、ハムをボイルするという厳しい仕事で、フサが流産してしまうくらいだった。

この頃、小林栄次（大多摩ハム）に続いて雇われたのが、八木下俊三（八木下ハム）、稲葉育男（協同食品）、水尾正雄、君塚豊治などで、のちに日本の食肉加工業界で重要な役割を果たした人たちである。

当時の様子を八木下は次のように回顧している。

「私は震災後、することもなくブラブラしていたので、親族の評判も悪くとかく厄介者扱いされて、家族に無断でローマイヤーの店で働くことになったのである。工場には、ドイツ人のヘルムート・ケテル、カール・ブッチングハウス（ブュッティングハウス）、ヘルマン・ウォルシュケ（ヴォルシュケ）などをはじめ日本人も数名いたが、日本人は雑用専門であった。仕事以外の雑用があるので、住込みを申し渡されて当惑したが、外出できないため、かえって身のためになったのも皮肉である。ローマイヤーが仕事にやかましいことは、世界一といっても過言ではないくらいで、落語の小言幸兵衛なんてものではない。その反面人間味の深い優しさの持ち主であった。

ドイツ人たちは、日本人経営のほかのハム会社に高給でスカウトされたり、出資者を得て独立したり、ローマイヤーに弓を引く者も続出し受難が続いた。残った従業員は私を加えて三名までになったが、ローマイヤーが人の三倍も働いて、これをカバーした。私は体が小さくて不器用の上に頭が悪いので、他の者が二〜三年で覚えることを八年余りでようやく一人前くらいになった。とにかく私がどうにか人間になれたのは、ローマイヤーのあの厳しさと人間味溢れる私への愛情の賜物と、実の父よりローマイヤーを尊敬している変な日本人である。」

これを読むと、私がテアさんに他のドイツ人のことを聞いたとき、彼女が困ったような顔をしたのを思い出す。父親似の彼女は、去って行った人のことは忘れたかったのだろう。

「父は、去って行った人が質の悪い肉で競争しても、自分が働いてカバーして、決して自分の質は落とさなかった。『日本人はまじめで早い』と、弟子たちをよくほめていたわ。」

八木下は後に故郷の八幡に帰り、兄弟で「八木下ハム」創立している。

この会社は、現在北九州市八幡区に健在である。私がお訪ねした時、当然当時のことを知る人はいなかったが、工場長が八木下兄弟は力を合わせて、博多区熊手町のラムネ工場の跡地を借りて始めたが、豚の餌の確保が大変だったと話してくれた。商売は、門司、下関、若松などに入港する外国船への売り込みから始まったという。八木下俊三の弟子には、後にみやこハムを創立する垣内洋一がいる。

八木下の兄弟子小林栄次は、縞の着物で富山の薬売りのような大きな木綿の風呂敷に商品を包んで担ぎ、山手線に乗ったり、市電に乗ったり、テクテク歩いて、帝国ホテル、精養軒、丸の内中央亭、東洋軒などを配達に回った。彼の手当ては住み込み三食付で月一円五十銭、その内五〇銭は自分で使い、一円は毎月母に渡した。

ローマイヤーはそのことを知っていた。

「お母さん、大切にしなさい。生きているうちだよ。」

ローマイヤーは自分の厳しい青春を思い出した。

新しい工場で出発して一年すると、彼は、小林を学校へ行かせた。

「貴方はもっと勉強しなさい。」

都立第一商業高校へ入学する小林に従業員一同が袴を買って贈った。そういう会社だった。

直弟子は、ハムをつけこむ秘密の地下室へ入れてもらった。冷蔵庫のない時代、氷を並べておいた地下室のドアーを閉めて仕込みをした。ロース肉に塩を注射、調味料を調合して味付けをする。

ローマイヤーは、ドイツの親方が信頼する弟子にするように教えた。

フサの入籍に面倒な手続きが終り、一九二五年四月、二人は正式の結婚をした。

そして、銀座並木通りの対鶴ビルに直売店を出し、その地下にレストランを開いた。結婚式の写真がないほど忙しい年だった。おそらく、サゴヤン、フォークト、スクリバなどと自分の店でささやかに祝っただけだったのだろう。すでに家業を助けていたフサは、一日一六時間は夫と共に働いた。当時はこんな労働時間が珍しくなかったという。

フサは外国人との結婚により、日本の社会からはみ出してしまったが、秋には長男のヴィリーが生まれ、二年後には長女のドロテア（テア）が、そして三一年には次男のオットーが生まれ、ローマイヤーの家庭が出来上がって行った。そんな幸せにどんなに憧れていただろう。幸せにゆっくりと浸るには忙しすぎたが、ローマイヤーの側には歴然と温かいものがあり、それが与えてくれる力が染みるようなその体に、家族と社会への責任を感じた。

店には、皇族や各国大使、名士、文化人が買いに来るようにもなる。

一九二九年、世界一周のツェッペリン号が着いた時、夫婦でジュウタンを敷いた船内に招かれるという栄誉に浴するまでになった。

久留米の飯田氏が所有していた解放後のローマイヤー肖像写真。1930 年代。（提供：久留米市教育委員会）

飛行船が運んできた祖国に一歩足を踏み入れると、ローマイヤーの全身を熱いものが走る。戦いに敗れて捕虜になった者の感動には、他の見物人とはちがうものがあった。

エミーさん

スクリバの長女エミーさんと私が知り合いになったのは、花・ベルツを追いかけていた頃だが、明るくいつまでも若いエミーさんが実はローマイヤーを良く知っていたということがわかったのは、数年前である。


「エミーさん、ローマイヤーとは何語で話しましたか。」

「日本語よ。」

「彼はそんなに日本語が出来たのですか?」

「ええ、彼は早く覚えたのね。私の父は日本生まれでしょ。フォークトも学生時代から日本語を勉強していたから、上手だった。ローマイヤーも良く話したわよ。」


ベルリン大学で法律と日本学を学んだフォークトは、一九一四年の「ジーメンス事件」の弁護士だった。収容所では法知識が語学力に支えられて、捕虜と日本側の問題解決にも役立った。エミール・

塩原にて。左から花・ベルツ、エミー・スクリバと母。（提供：エミー・岩立＝スクリバ）

スクリバは、熊本の収容所で、現地の人が「裸足で逃げ出すほど」流暢な日本語を話して、言葉の出来ない捕虜を助けたという。歯切れのいい江戸弁だったかもしれない。

ローマイヤーは高等教育を受けた人間ではなかったが、このような友人に支えられて、早く日本語も覚え、異文化に適応してゆくことを体得した。ブレーメンで習っていた英語は、後で彼を助けるようにもなる。

前列の子供は左からヴィリー、エミー、テア、オットー、後列左から1人おいてフサ、アウグスト・ローマイヤー、スクリバ夫人。右は運転手の菊入。（提供：右と同じ）

「それじゃ、エミーさん、ローマイヤーの子供たちとも日本語で話したのですか。」

「そうよ。日本語よ。父親たちが自分たちで話しているときはドイツ語だったけれど。ビールを飲んだり、ローマイヤーのソーセージを食べたり、何を話していたのか、彼らは『小さな祖国』を楽しんでいたんでしょう。それから、ルンプ（一八八八～一九四九、画家）やヴエークマン（一八七九～一九六〇）もよく来ていた。ルンプは熊本で一緒だったのかな。ヴェークマンはどこの収容所にいたのか知らない。」

「ヴェークマンは、習志野で一緒だったんでしょう。美術史家で絵を描くルンプとはポツダム以来の友達だった。ヴェークマンはかなりの学者で、教育者でもあり、日本で勲章までもらって、多磨霊園に埋葬されているそうです。ルンプは、白秋や夢二、木下杢太郎とも親交があったって、研究者の小谷厚三さんが言ってましたよ。」

「ルンプがうちに泊まるとね、布団はクシャクシャになるし、部屋が汚くなるって、母が嫌がってたわ。」

「芸術家だから……まあちょっとボヘミアンだったかな。」

「そうよ。ボヘミアン、そんな感じだったわ。」

散らかった部屋に、書きかけのスケッチがなかっただろうか。

「紙くずカゴの中にルンプの『作品』がありませんでしたか?」

「まあ残念ねえ、子供だったから、そんなことには興味がなかったわ。」

「それにしてもローマイヤーは日本でスタートした頃いい友達がいたんですねえ。」

「ローマイヤー自身もとても優しくていい人でしたよ。だから、父やフォークトと合ったんでしょう。いつだったか、エムデン(伝説のエムデンの後継者「巡洋艦エムデン」、多分一九三一年寄航の時)が来たとき、父がみんな招いて、スクリバの家の庭に提灯つるして、ガーデンパーティをしたことがあったのよ。ビールの樽を開けて、もちろん、ローマイヤーもソーセージの腕をふるって歓迎したのよ。ドイツ人にまじって嬉しそうだった。私は小さかったけれど、よく覚えているわ。」

このような機会にＯＡＧ（東アジア研究会）ハウスや大使館から仕出しを頼まれたのは、大概ローマイヤーだった。

夏の日の再会

だが、「スクリバ・パーク」の幸せは長く続かなかった。

エミーさんが、この平河町の楽園を去る日が来たのである。彼女が七歳の時に、父親エミールが急性腹膜炎で他界してしまったのだ。

「毎日車で学校に連れて行ってくれた父が突然いなくなったの。それから二年すると、母家を売って荻窪の方に越したのよ。花（ベルツ）さんもこのとき一緒に杉並に移ったのよ。そして私が一二のとき、母が六人も子供のあるお医者さんと再婚してね。生活がまったく変わり、私はマァ……独りぼっちになっちゃったのよ。」

「花さんも三七年に亡くなりましたね。」

「そうよ、もちろんローマイヤーの子供たちにも会えなくなってしまったのよ。ドイツの人たちと遠ざかって、彼らはドイツ学園へ行き、私は東洋英和。遊ぶ子供が変わってしまったわ。」

「それじゃ、それからローマイヤー家の人たちには会っていないのですか？」

「そうよ、テアがドイツに暮らしていることは後に一度会ったオットーから聞いたけれど、どこにいるかは、知らなかったしね。オットーもなんで早く亡くなってしまったのかしら。」

「エミーさん、テアさんに会いたいですか？」


私は、テアさんがドイツのどこに暮らしているか知っていた。

そして、テアさんがエミーさんに会いたがっていることも。

どうしてテアさんと知り合いになったかというと、一九九八年から、文化に橋をかけた日本の女性が潜む異民族共存のための石庭なんかを作り出した私を助けてくれた豊橋市の三河造園の中原信雄（故）社長の姪の方が偶然ローマイヤーの長男と結婚していて、オーストラリア在住のその方に紹介してもらったので、オーストラリア経由でテアさんと連絡がついたのである。

製薬会社バイヤー（バイエル）に勤めていたハンス・ラバヌスさんと結婚してテアさんが暮らしているのはノードライン・ヴェストファーレン州のレヴァークーゼンという町。エミーさんは、大体毎年「スクリバの集い」（親戚の集い）に出席する。集いは大方デュッセルドルフの近くである。レヴァークーゼンはデュッセルドルフとケルンの間なのだ。ローマイヤーとスクリバの娘たちの再会、私は興奮して段取りを決めた。何年ぶりだろう。お互いに見分けがつくかしら。両方とも七〇を越している。

左から著者、エミーさん、テアさん。アルテンベルクの僧院のレストラン、2003年。

再会の日が来た。

二〇〇三年の八月七日、私はエミーさんとデュッセルドルフの駅で落ち合った。そこから電車でラインスドルフという駅まで、そこでテアさんが待っているはずである。

牧歌的なバイエルンから来ると工業地帯が目立つ車窓。少し興奮している私の横でエミーさんはコンスタントなリズムを変えずに、明るくバラのような笑顔。

ラインスドルフに到着。

「あっ、テアさんだ、あの方。」

駅のホームにお父さんに似て背の高いテア・ラバヌス（旧姓ローマイヤー）さんが、小さな花束を手にして立っていた。彼女は百合のような人だ。

テアさんはちよっと目を細めていつもの控えめな笑顔。

「テアちゃん！」

「エミちゃん！」

子供のとき、そう呼び合っていたのだ。二人とも、頬をほころばせて喜んだが、西洋人だけの再会みたいに、抱き合って騒いだりしないところが、やはり少し日本人なのだ。


「まあ、久しぶりねえ。」

「何年会わなかったかしら。」

六〇年ぶりの再会だった。

子供のときにあったようないい夏の日だった。

再会した幼友達の邪魔をしないように私は半歩おくれて二人に従った。

亡くなったヴィリーやオットー、ママの話などが途切れ途切れに聞こえた。

「みんな亡くなってしまったのね。」

ご夫妻の予約してくれたアルテンベルクの僧院のレストランは、木に囲まれて居心地が良かった。

和やかな昼の光が再会の喜びを包んだ。

「品川に遊びに行くとね。テアのパパが、出来立てのウィンナーをたくさん出してくれて、おいしかったわよ。」

「父のウィンナーはおいしかった。」

「当時（一九三〇年代）に本物のウィンナーのおやつなんて、豪華ですね。」

「ボールにいっぱい。出来立てのホヤホヤのウィンナーなのよ。」

六〇年が昨日のように感じられると、その瞬間に時間が消えて、何を話したらいいかわからなくなることがある。いろいろと思い出すには、まず再会の喜びを消化しなければならない。

ドイツと日本に別れていても二人はこれから何回も会えるのだ。

七　それぞれの戦線

西部戦線の敗残兵

かつて私は、スクリバ博士の孫エミーさんをベルツの孫ゲルヒルト・トーマ夫人に会わせたことがあった。一九九〇年、品川のドイツ教会に牧師として赴任した息子さんを訪ねて東京に来られたトーマ夫人と、三田のエミーさんのお宅を訪ねて行ったのである。

二人は六五年間、お互いの存在をまったく知らずにいた。

エミーさんを孫のように可愛いがっていたけれど、花さんは実の孫の話をしなかったのだ。ゲルヒルトが息子のトク・ベルツの庶子だったからであろうか。それでもトクは、この娘を一九四〇年の東京オリンピックには日本へ行かせるつもりでいた。だが、花さんは、一九三七年に他界し、その二年後に第二次世界大戦が始まってオリンピックは中止になった。

それで、父のトク・ベルツだけが、ゲッベルスからフィルムをもらって日本へ映画を撮りに行き、映画『日本の荒鷲』（『燃ゆる大空』昭和一五年、監督は阿部豊、音楽は山田耕筰）をドイツ向けに編集して送ったりしたが、一九四五年、かつて父親が教鞭をとった東大の病院で他界した。肺がんだった。トクは父親をなくしたエミーを娘のように可愛がり、エミーもトクを実の父のように看病して最後をみとどけ、医学生の彼女は、解剖にまで立ち会った。

板東収容所の弟ケーベラインに送られた兄の写真。西部戦線の昼食。この数日後に兄は戦死。（提供：ヴュルツブルグ シーボルト館）

　トク・ベルツは第一次大戦の西部戦線で、エミール・スクリバのいた青島より遥かに長い過酷な戦争を体験した。母の祖国である日本が父の祖国であるドイツの敵国となり、辛いものがあった戦争だったし、復員の途中、左翼に軍服を引きちぎられたりの侮辱的な扱いを受けたので、右寄りになって、幻の日本を見ていたから、エミーには会ってもエミール・スクリバとは宿命を共にする以外に意気投合することはなかったであろう。それでも幼馴染みだから、生きていれば顔を見せることはあっただろう。だが二つの祖国の間をさ迷ったトク・ベルツの悲劇的性格は、戦争のこりごりなフォークトやローマイヤーとは合いそうにない。エミーさんも、トク・ベルツは日本にいる元青島の捕虜との友達づきあいはなかったという。愛人だった日本の女優をつれて、ローマイヤーへ食事にいったことはあったはずだが。

西部戦線、東部戦線、青島戦と、どの戦場であっても、第一次世界大戦の復員者のその後には複雑なものがあった。壮烈な西部戦線から、残った命だけを汚れた軍服に包んで帰還した兵士を迎えた祖国は冷たかったのだ。戦争は負けたし、国土の割譲と膨大な賠償金、フランスによるラインラント占領、他の列強と比べると少なかった植民地の放棄、兵力・艦船の制限、航空機保持禁止などに国民は不満の持って行きようがなかったのだ。ドイツはまさに「白紙小切手に署名させられ」、疲弊して壁際に追い詰められた。オーストリアにしても同じようなものだった。これは、ヴィーンにナチズムが起きる背景でもある。この状況を知らなければ、その後のドイツやオーストリアを理解することはできない。

「死の命令」に抵抗して出撃を拒否したキールの水兵の蜂起に端を発した「下からの革命」は、ドイツの皇帝を退位に追いやった。だが、誕生したばかりの新しいドイツ「ヴァイマール共和国」には、小党が分立し、ボルシェヴィズムが台頭し、右と左の革命闘争にもまれる人々の心は動揺していた。暖をとる石炭もない。飢えしのぐパンもない。そんなニュースは日本の捕虜収容所にも入っていたから、捕虜たちの心も重くなったし、我慢にも輪がかかった。

飢餓のどん底を、未曾有のインフレが襲ってくる。不安と不満が、帰還兵への態度に現われたから、彼らの心は荒廃して、「戦友」ヒットラー（一八八九〜一九四五）のような独裁者の登場に道をあけた。トク・ベルツのように元々存在が不確かな人間で、過酷な戦線を生き残った人は、同じような運命の総統が率いるナチズムに接近する危険性をもっていた。

日本で解放された青島の捕虜も、ヴェルサイユ条約下の祖国へ帰還したのだから、この危険性をもつ者もいただろう。やっと入港した祖国の桟橋には、歓迎の家族よりも食べ物を積んできたかもしれない船の到着を待つ人の方が多かったのだ。だが待機していた赤十字の看護婦には、久しぶりに見たドイツの女性に、帰還兵は不思議な興奮を覚えたという。

上陸しても、国境線の変化により実家に帰れず途方にくれた者もいた。この状況はやがて帰還兵を右と左に分け、第三帝国への道に迷い込む者も出てきた。どちらにも属さない者は、国内亡命をして嵐の行き過ぎるのを待ったり、外国に出たりすることで、少なくとも自分の信条に近い自然の人生を生きる可能性があったのである。ナチがその外国へも邪悪な指を伸ばしてくるまでは。

国内に留まってナチに抵抗する者は強制収容所に入れられたり、ろくな裁判もなく死刑になったりした。そのような抵抗運動の墓標がダッハウ収容所である。まったく、行き場のない時代であった。大西洋を渡ってアメリカへ亡命した者は、アメリカの文化に貢献することになる。だが、アメリカも逃げてきたドイツ人を追い返したり、収容所に入れたりもしたのである。

ロシア革命（一九一七）の影響を受けてミュンヘンに誕生した共産党政府は短命で、頻発する白色テロに右翼の巣窟が育って行った。国民の不満と不安が、右も左も過激にした。帝政が突然崩壊したオーストリアは、古い秩序を支えていた柱を失い、「強い存在」に郷愁を感じていたのだ。氷の結晶を、本物のダイアモンドと錯覚する時代が来る。その時代は氷が解けるまでの短期間ながら、凄まじい力の結集を見せ、同じように凄まじく砕けていくのであった。

東部戦線からの脱走兵

第一次世界大戦の東部戦線で負傷して、オーストリアの野戦病院から脱走、ノルウェーからアメリカへ行き、アメリカでヴェルサイユ条約を聞き、爆発しそうな怒りを「パン・ヨーロッパ運動」へと転化したドイツ人（国籍は、オーストリア・ハンガリーからチェコスロヴァキア、無国籍、西ドイツと変わった）にカール・レイモン（一八九四〜一九八七）がいる。

この人についてはすでに書いたが（「レイモンさんのハムはボヘミアの味」）、サライエボの一発で始まった戦争は終局を迎えたものの、ヴェルサイユ条約が欧州に次の戦争の地雷を埋めたので、危険を感じて、次の戦争を避けようと「国境のない欧州」を唱えて行脚したのである。

だが、当時の人々の困窮は、そんな話に耳をかす余裕もない酷いもので、私も最近紹介された当時の映像記録を見て、聞きしに勝るその貧困の様相に絶句するほどのものだった。

この不穏な成り行きは、日本各地の「俘虜収容所」にいた四七〇〇人の捕虜たちも不安を抱きながら手をつかねて見ていたものである。収容所にはドイツ人とオーストリア人、ポーランドを故郷とするドイツ人とポーランド人、何回も国境の変わったアルザスの人、ボヘミアのチェコ人、スロヴァキア人、オーストリア・ドイツ人、後にイタリアになる南チロル人、デンマーク人になる可能性のある北ドイツ人などがいた。

捕虜の中には、「ドイツ人」より早く解放されて、フランスになったアルザスや、チェコスロヴァキアになったボヘミアや、ポーランドになったシレジアの一部や、イタリア南チロルへ帰還する者もあった。同じ収容所で、敗者と勝者が生じ、中には落胆している者の前であからさまに連合国の味方をして鼻つまみになったり、狭い収容所の中で他の捕虜の神経を苛立たせたりして、暴力を伴うもめごとを起こす者もいた。負け戦の捕虜の心理的問題を考えずに、たとえば、タデウス・ヘルトル（久留米―丸亀―板東）のようにポーランド人だからいじめられた、バカにされたという前に葛藤のプロセスをもう少し立ち入って調べたほうがいいだろう。中にはロシア領のガリチアからユーラシアを放浪した後、金もなくなり体も壊したので国籍を偽って青島守備軍に入隊し、捕虜になったあと反独感情をむき出しにしたヤン・ボハルチック（偽名、マックス・ツィマーマン）というポーランド人もいる。葛藤は、ドイツ国内の「国」の違いもあったろうし、もちろん差別感情によるものも、性格が原因して起きたものもあっただろう。

ともあれ、ボヘミア（現チェコ）出身のカール・レイモンは東部戦線から脱走し、シレジア（現ポーランド）に実家があったアウグスト・ローマイヤーは青島で捕虜になり、前者は函館で後者は東京で、ハム・ソーセージを作って生涯を送ることになるのだった。だが、祖国の不幸な成り行きは、遠くにいる者の生活まで脅かそうとするようにもなる。

他に、食肉加工の職人として日本に残った捕虜としては、習志野にいたカール・ブュッティングハウス（現在茅ヶ崎のハム工房「ジロー」が継いでいる）、日本でホットドッグを広めたといわれるヘルマン・ヴォルシュケ（似の島の収容所から解放された現在の株式会社「ヘルマン」の創立者、テアさんの話ではこの人は、ローマイヤーにいるとき朝からお酒を飲んでいたという。何か苦しむことでもあったのだろうか、ただの酒好きだったのだろうか）などがいる。

青物横丁

東京の小さなドイツ島、ローマイヤーの銀座の店（一九二五年開業）は、当初近くに働いている人がソーセージ入りのエンドウ豆のスープやレンズ豆のスープにサンドイッチというように軽食のできるところだった。この食堂がすぐに流行ったので、ローマイヤーは数寄屋橋の東京ニューグランドのスイス人シェフ、ロイエンベルガーをスカウトして、ちゃんとした「ドイツ・レストラン・ローマイヤ」をオープンさせた。ここでは、ローマイヤーのハム・ソーセージとスイス人のシェフが当たり、『ジャパン・タイムス』の記事になるくらいの長蛇の列が出来た。

「ロイエンベルガーが面白い人でね。日本語を話したんだけれど、日本人は彼が外人でなにもわからないと思い、エレベーターの中で、毛唐、毛唐っていうんですって。それで、降りるときに日本語で、『毛唐は三階で降ります』といって、辺りの肝をひやしたそうよ。」


「青物横丁で降りるといいのよ。」

テアさんに言われて、エミーさんと私は京急本線に乗り、青物横丁へ行った。

あまり変わってしまって、子供の頃行ったことがあるエミーさんにもすぐには見分けがつかない。

一回目は違う方向に行ってしまった。二回目はテアさんのスケッチを手に、南品川五丁目の小道をウロウロして、玄関の前を掃除している娘さん（宮崎さん）にきく。

「ここに、ローマイヤというソーセージの店ありませんでしたか。」

「ええありましたよ。そこの、現在駐車場になっているところです。」

振り向けば、確かに駐車場。当時の面影はまったくない。

「お若いようですが、昔のこと覚えていらっしゃいますか。」

「そんなに若くないんですよ。ローマイヤのハムは高くて、普通、私たちの口には入らなかったんですが、年に一度は、近所の人に安く売ってくれて、やっぱりおいしかったです。」

「ローマイヤーの子供と遊んだことありますか?」

「おばあちゃんのほうが知っているかもしれない。」

おばあちゃんを呼んでくれた。

「ローマイヤーさんはドイツ人だったそうで、話も通じないと思って……おいしいお肉、ハムなんか作っていたんですが、なかなか買えるものじゃなかったねえ。」

宮崎さんの親切な対応に、なんだか「近づいた」感じになって、ローマイヤーの子供たちが遊んだという近くの海晏寺へ行ってみようということになった。

岩倉具視の墓があるという。

「岩倉具視といえば、私、偶然岩倉具一さんという方と面識があるんですが、この方は西郷従道の娘桜子と岩倉具視の次男具定の息子具方とドイツの音楽家アウグスト・ユンカーと日本女性ノブの娘ヴェラの息子なんです。お母さん（岩倉ヴェラ）が、テアさんにピアノを教えていたんですって。具一さんは、ヴェラさんとよくローマイヤーの家に行ったそうです。ローマイヤーはいつも優しくて口数が少なかったけれど、『おあがり』と目で言って、ウィンナーなんか出してくれたそうです。このことをテアさんに話したら、一枚の写真を見せてくれました。ヴェラさん、具一さん、フサさんヴィリーが一緒に写っています。ドイツ旅行の時に横浜まで送ってくれたんですって。岩倉具方さんが上海で爆死した後、ヴェラさんも苦労して子供を育てたようです。具一さん、ヴィリーのお古をもらって着たこともあるということです。」

アウグスト・ユンカーは上野音大の先生だったそうだが、日本に来る前に、ケルンでブラームスの楽譜をめくったこともあるし、大西洋の船上でドボルザークと演奏もしている。

ユンカーは青島へ行って兵隊に音楽指導をしたこともあるし、フォークトも知っていたそうだ。

山田耕筰も随分世話になっているらしいが、勝手にユンカーのスーツを着たりして、ずうずうしい面のあった人だという。ユンカーは花・ベルツの手記の中でユンケルさんと記されている。

「いろいろとつながりがあるのねえ。」

エミーさんが感心した。

海晏寺は立派なお寺で、広い敷地を持っている。岩倉具視の墓は見つからなかったが、テアさんたちが子供の頃裏のほうから回って遊びに行ったという築山のようなものが懐かしかった。墓地の端には品川に落ちたらしい爆弾がいくつか、置いてあった。岩倉さんの妹マリオンさんがニュルンベルグの近くに住んでいるので、詳しくきいて、もう一度海晏寺に行ってみよう。

品川でエミーさんと別れて、私は現在の「ローマイヤ株式会社」を訪ね話を聞いた。前の高橋義行社長はわざわざ福生の大多摩ハムまで同行してくれたが、その日は、中野社長と梅本さんと応接間の窓の日が傾くまでお話しした。

それからまたまた青物横丁に戻って、もう一度宮崎さんの御宅の扉を叩く。すると近所に聞き込みをしてくれていた娘さんが、テアさんの幼友達の太田静代さんを連れてきてくれたのである。私は持っていたテアさんの写真を見せた。

「まあ、これがテアさん……懐かしいわ。まだ子供だったからね。雪が振ると、テアとヴィリーが家の屋根をすべり降りるんです。おばあちゃんが、『トヨが壊れる』というのに。

『あいの子』だから外へ出るといじめられるので、屋根の上で遊んでいるんです。外には出さなかった。『あいのこ』として特別扱いされるのがかわいそうだった。
家族で出かけるとうちの父が留守番に行きました。私たちは兄弟のように遊びました。でも、テアさんのドイツ語の先生が来ると、私は家に帰りました。フサさんも服を着替えて、ドイツ語しか話してはいけなくなるからです。三人が学校に行くようになると、日本のとはちがう大きなランドセルをしょって行きましたよ。荏原神社の近くで、目黒川が東海道の下を通って流れるその角に、西村という肉屋があって、そこから肉をおろしてもらえないかと丸山のおじいちゃんが頼まれました。ローマイヤーさんに私たちの口には普通入らないおいしい物を食べさせてもらいました。」

ドイツに帰りテアさんにこのことを報告すると、彼女は喜んで、久しぶりに太田さんと電話をして昔を偲んだということである。太田さんは私に会った翌日西村精肉店を訪ねてくれたが、店を閉めて移転していて隣人も何も知らないということで、太田さんに番号をもらった電話もただ鳴るだけだった。ドイツから空き家に鳴る電話を聞いていると、なぜか大きなランドセルを背に通学する三人の子供が目に浮かんだ。ヴィリーは初め横浜のセント・ヨーゼフへ、テアは聖心へ入学したが、一九三三年にヒットラー政権が成立すると、皆にドイツ学園へ転校の指示が出たそうである。一九〇六年に横浜の民家で開校したドイツ学園、当時は大森にあった。

シレジアの老いた父

「お父さんに会っていらっしゃいよ。困っているんじゃないの。私たちも多少の送金はしてあげられる。あまりいい別れ方してないんでしょ。」

フサは夫に一時帰国を勧めた。

「十何年も会ってなかった祖父のこと、父も気にはなっていたんです。」

父を拒んで家を出た少年は、修行し、海軍に入り、捕虜になって日本に残留、独立、そんな経過もなにも知らせていない、兄弟への手紙からうすうす知ってはいるだろうけれど。

一九三二年、ローマイヤーは単身シベリア経由でシレジアのローラウに老いた父を訪ねた。

彼はとっくに父を許していた。老いた父と和解したかった。あの苦しい時代が、今の自分を作ってくれたのだ。

「でも、再会の写真のお父様は寂しそうですね。」

「そうねえ、旅の途中、心臓が不調をきたして、やっと帰ってきたんです。」

レスリングで鍛えたローマイヤーも、震災から立ち直り世界恐慌（一九二九年）でうちのめされてふたたび商売を軌道に乗せるまで、かなりの無理をしていた。閉じ込められた捕虜生活の精神的負担は抜けることはなかったし、大震災のときに殺されかけた恐ろしさ、出資者の非人道的態度、彼に弓を引いた「戦友」、そんなことが、彼にたくさんビールを飲ませたかもしれない。

旅の途中で見た「ヴァイマール共和国（ドイツ）」は暗かった。

小党分立の混沌とした政治地図の中で、第一次大戦の骨董品みたいなヒンデンブルグ（ポーゼン出身）が、最後の息をしている。街角には右翼と左翼のポスターが相互に刺し合っている。どちらも、「カンプフ（闘争）」を口にしている。懲りていない連中がいるのだ。気味の悪い「SA（突撃隊）」なんかが横行している。どこへ行くのだ、この国は。異様だ。父や兄弟の住むシレジア（現ポーランド）が戦場にならなければいいが……。

父とは、和解といっても、言葉少なく生を確かめ合って日本への帰途に着いたのだ。

ローマイヤーは、自分の病気も感じながら、ウラジオストックに向かってシベリア鉄道に乗った。青島以来拒否していた戦争の臭いが漂っている。日本海を航行すると、捕虜の輸送船を思い出した。日本の港に着いたときに、ローマイヤーは栈橋に崩れるのではないかと思うくらい悲しくて、涙が溢れて仕方がなかった。その涙に含まれていた万感を知る人は少ない。

フサを助けて留守を守っていた小林栄次が、荏原に工場を建てて独立した。

一九三二年創立のこの小林ハム商会は、一九四五年に、大多摩ハム小林商会として再出発し、福生市に健在である。ここで私は数年前、現在の社長小林和人さんにあるだけの資料をいただき、おいしいソーセージまでご馳走になった。

エミール・スクリバ逝く

翌一九三三年、ローマイヤーは大事な友を失った。エミール・スクリバが急性腹膜炎で急逝したのだ。熊本、久留米、東京、気心の知れた犬好きの大尉。いつも明るく階級を感じさせない鷹揚な男らしい人だった。彼にも文化の狭間で引き裂かれたものがあったなんて、誰にも感じさせなかった。ドイツを大切にしながら、「日本人を生きていた」。エミールは、ローマイヤーのスカット（トランプゲーム）仲間だったが、両家は家族ぐるみの付き合いでもあった。お気に入りの運転手を譲ってもらったことがある。この菊入君という善人はみんながほしがる人手だった。ところがこの菊入君は、店で天井に吊ってあるソーセージのカギに指輪をひっかけたまま床に落ちて、指を一本なくしてしまったのである。これは両方の家族に大変なショックで、ローマイヤーの責任の感じ方は一通りではなかったという。当時子供だったエミーさんもこの事件は忘れられない。

平河町のエミール・スクリバの告別式に参列したローマイヤーは、久しぶりにフォークトやヴェークマンに会う。エミールの母ヤスは三年前に他界していたが、エミーさんが祖母のように慕う花・ベルツの顔も見えた。だが、一同、純日本式の日蓮宗の葬式に面食らった。棺の安置された部屋には、靴のまま焼香できるように座敷の上まで白い布が敷いてあった。

祭壇には戒名を書いた位牌。黒い着物の夫人。「あれは、亡くなった母親の信仰だろう。博士の死後はすべて母親の流儀で進んだという話だ。その母親が亡くなっても、もう、お寺が放さなかったので、未亡人も逆らえなかった。」

「髭つきのサンタクロースで娘を喜ばせていたけどなあ。」

「スクリバはプロテスタントだったな。ＯＡＧ（東アジア研究会）の庭で復活祭の『卵探し』を子供連れで楽しんだこともあった。」

「まあ天国へ行けば、煩いことは言うまい。日蓮宗でもプロテスタントでも。」

異国で骨を埋める自分の葬式のことを思って帰る友の背にお経が遠のいた。

戦争のない所で生きたい

この年（一九三三）ドイツではヒットラーが政権を取り、ヴァイマール共和国が終りを告げた。

ドイツはあの「ボヘミアの伍長（ヒンデンブルグは初めヒットラーをそう呼んでいた）」について、どこへ行こうとしているのか。民主主義の「黒赤金」の代わりに、「黒白赤」旗が揺れ、鉤十字がはためく。ローマイヤーは、「俘虜収容所」で次の戦争を暗示するようなヴェルサイユ条約を聞いたときにこみ上げてきたあの吐き気に似たものを感じた。あの時、敗戦は覚悟していたが、過酷な条約（国土の半分以上の割譲と当時の日本の国家予算の三倍の賠償額）にドイツがどう対応していくのか、これはこわい

エミール・スクリバの葬式。左スクリバ夫人、右エミールの弟ハインリッヒ、祭壇の遺影はエミール・スクリバ。（提供：エミー・岩立＝スクリバ）

条約だ。そしてこの条約は明らかに次の戦争を用意していたのだ。久留米でも捕虜たちは、その話をして暗い気持になった。

ブレーメンで海軍に入ったときの屈託のない気持はとうの昔に消え、敗戦から捕虜生活体験後のローマイヤーは、フォークト、ヴェークマンなどの影響もあって、世の中の動きに敏感になっていた。

しばらく前からかすかに聞こえていたのだ、軍歌の音が。ラヴェルのボレロが遠くで聞こえてくるあの感じだ。前年ドイツで見た褐色の制服の連中には、どうか日本まで来ないで貰いたいものだ。現実に、帰国しないで遠い国で敗者の不遇をかこってきたドイツ人の中には総統の華々しい登場に惑わされた者もいたようだ。政権成立の渦の中に帰国して、ナチ党に献金までしてしまった名の知れた在日ドイツ人もいた。遠くにいて、ナチの実態を知らないドイツ人には、本当に、これでよくなると思って入党した人もいる。そんな悲劇が起こりうる状況が漂っていた。

この頃、ミュンヘンにいた斉藤茂吉なども、のちにヒットラーの五〇歳の誕生日を称える歌を詠むに至っている。

「ミュンヘンに我おりし時アドルフヒットラーは青年三十四歳」

北杜夫の「楡家の人々」では、茂吉と思われる主人公が、「……信念をもち実行力に富んだやり手のようで小気味がよいとも思われ、敗戦後のドイツをたてなおすには、ヒットラーのような人物でなければダメだと思った」のである。

茂吉がナチだったというのではなく、初めはドイツの国の内外の人々もそんな風に思い、突然現れたこの人間と、その周辺で共に権力の座に着いた人間たちの本当の恐ろしさを知らなかったということなのだ。ちなみに、茂吉はドイツで元捕虜に話しかけられている。

なにはともあれ、ドイツ帰りの斉藤茂吉もローマイヤに何回か来ているはずである。

ナチスに共鳴していた日本医学会の人達も来た。この恐ろしい人達に戦後「非ナチ化裁判」がなかったのは、日本が戦後、自分で自国の戦争犯罪人や人道犯罪人を裁かなかったからである。

一方、暗い時代に向かう祖国から日本へ逃げてきたドイツ人もいた。

ローマイヤーはせっかく築いた生活を破壊されたくない。店に来る人がそこに普通の祖国を感じ自由なひと時を楽しんでくれればいい。それ以上に誇張された祖国は要らない。

ここまで来て、「ハイル！」なんて、お断りだった。

しかし、レストランの経営者として、だれとでも仲良くやっていかねばならなかった。もめごとや争いは他でやってもらわねばならない。テアさんは、ローマイヤーがけんかしたのを見たことがない。あらゆる国の外交官、特派員、文化人が出入りした店で、誰にも同じように接し、他人の問題や情報は全部自分の胃の中に収めて口外しなかったという。


同じ年、日本が国際連盟から脱退し、翌一九三四年、ワシントン条約を破棄した。

一九三六年二月、二・二六事件。

なんと、あの「真崎甚三郎収容所長」が法廷に立つとは、そうかもしれない、あの人なら。

ローマイヤーには、収容所の初期のあの時代のやりきれない思い出が戻ってくる。

外国人には、現在いる国の状況を全部把握するのは難しいから、事件のメカニズムは日本人ほどわからないけれど、あの真崎が絡んでいるなら、いいはずはないと思った。

その年、日独防共協定が結ばれ、ローマイヤーのところにも変なドイツ語でなれなれしくしたり、「ハイル！」なんて挨拶する日本人が来るようになった。

翌三七年、日中戦争が始まった。

三八年の三月、ヒットラーは彼の故郷のオーストリアを併合した。九月にはミュンヘン協定を結び、チェコスロヴァキアを保護国とした。この年の夏、三〇名のヒットラー・ユーゲントの代表が来日し、三か月にわたり北海道から九州まで旅して、今は語る人もいないが、各地で熱狂的な歓迎を受けた。近衛文麿が手をつないで笑っている写真がある。ハーケンクロイツと日の丸を振って各地で歓迎する日本人の写真も少なくないが、あまり公表されてない。

代表団は明治神宮や靖国神社はもとより、会津の白虎隊の墓参りまでして、飯盛山でムッソリーニが寄贈したポンペイの遺跡の石柱を見ている。（石柱は現在でも建ち、案内人はこれがファシストからの寄贈だということを話さない。）

歓迎会には大使館からハム・ソーセージの注文がきたが、配達するローマイヤーは、なんだか「模範的に見える」若者が可哀想になった。彼らがことの本質を見るのは戦場に出たときだろう。

「……万歳、ヒットラー。ユーゲント　万歳　ナチス」

この「独逸青年団歓迎の歌」の作詞が北原白秋だと知る人は少ないだろう。この人でさえ、本質が見えなかったのだ。だが、少なくとも白秋は作曲家・山田耕筰のように扇動はしていない。

白秋、西條八十、サトウハチロー、大木敦夫、三好達治などなど、みんな少なからず軍歌の作詞をしているが、アジテーションもおびただしい山田耕筰には「ナチス党歌」（一九三八、西條八十作詞）や「上海にあがる凱歌」（一九四四）など、一〇七曲の戦争協力作品がある（私がこれに言及するのは、「リリー・マルレーンの歌」の作曲家ノーベルト・シュルツェのように、ナチ協力者として戦後有罪になり、罰金と数年の職業禁止を課された人を知っているからである）。

幸か不幸か「レストラン・ローマイヤ」は、このような人たちの訪れでにぎわった。

一九三九年、ヒットラーの軍隊はポーランドに進撃して、世界はふたたび戦争に突入。自分の育った村、弟の住むブレスラウ……ローマイヤーの新聞を持つ手が震えた。

「あの頃父は、オーストラリアかカナダへ移民しようと思っていたのです。ドイツも日本も嫌だ。国も狭いし人の心も狭いと思いました。このままだと恐ろしい戦争に巻き込まれる。戦争はコリゴリだ。どのみちいつか大平原でのびのびと畜産をしたかった。馬で走り回るような広い牧場が欲しかったんです。それで、まずオーストラリアへ移民の申請をしたの、そうしたら、黄色人種の妻がいるからダメだと断られたのね。父はこの人種差別にがっかりして、カナダでもそんな差別をされるんだろうかと、もう申請しなかった。彼を支えてくれる『大切な人』を黄色人種として拒否するとは何事だと、大変な怒りを感じて、日本にとどまることにしたの。」

「テアさん、そんなことがあったんですか。今オーストラリアにサーフィンなんかしに行く人には考えられないでしょうね。そんな時代があったなんて。」

八　ゲシュタポ　特高　憲兵隊の時代

リヒアルト・ゾルゲ

ローマイヤーの店にはいろいろな立場や思想の人がやってくる。

一九三六年、日独合作映画『新しき土』（独名『侍の娘』）が製作された時は、アーノルド・ファンクやスタッフがきた。だれが同行したかわからないが、東和映画（川喜多夫妻）、原節子、早川雪洲、それに同行の、フリードリッヒ・ハック（福岡の収容所にいた謎の多い捕虜）、音楽担当の山田耕筰などが考えられる。製作の背景には日独同盟締結への流れがあって、国策映画を作った監督も戦後ナチ協力者として裁判にかけられている。日本側協力者の戦後とは対照的だ。

日独間で多様な活動をしていたハックとローマイヤーは、彼が店に来る以外の交流はなかった。

ローマイヤーの耳にはさまざまなことが入ってくる。だが口を開くときには十分注意しなければならない。次第に、愛想のいい無口になっていった。

久留米収容所時代の「戦友」で、後にドイツからローマイヤーを訪ねたのは、ただ一人、やはりヴェストファーレンのハーゲン出身のヴィンターハーゲンという水兵だけだった。懐かしそうにビールを飲んでいたが、なにを話していたか、テアさんは知らない。

数年来、銀座の「ローマイヤ」には、酒の強い一人の客が目立つようになっていた。『フランクフルト新聞』のリヒアルト・ゾルゲ（一八九五～一九四四）である。

この人はドイツ人を父に、ロシア人を母としてアゼルバイジャンのバクーに生まれた。第一次大戦で二度も負傷し、前線勤務ができなくなると、ハンブルグの大学に学んで社会学博士号をとった。第二次大戦中最大のスパイ事件「ゾルゲ事件」の首謀者で、ナチ党員を装ってソ連のスパイをしていたことが発覚し、同じようにマルクス主義者の朝日新聞記者尾崎秀実などと一九四四年に巣鴨の東京拘置所で死刑になった。スパイ・ゾルゲには未だに不明な点がある

ゾルゲは人付き合いの良い教養人で、皆に好かれていた。子供好きで、ローマイヤーの長男など、オートバイに乗せてもらったりしている。第一次大戦の怪我がもとで、少し足を引きずっていた。二・二六事件の日も、何が起きたのか知らずに、大雪で客も来ないと思ったが、店を開けると、ゾルゲが女を連れて入ってきた。

近くのケテルのバー、ラインゴールドで働いていた女性だ。

「ママは、パパがラインゴールドへ行くの嫌がってたわ、女性がいるでしょ。」

「ラインゴールドも小さなドイツだったたから、お父様は、同じ国の人とドイツ語で語らいビールを飲んで息抜きしたんでしょうね。」

「ケテルの所にパパが行った一番の理由は、スカット（トランプゲーム）の仲間に会えたからでしょう。スクリバさんの生きているときは、彼の家がスカット仲間の溜まり場になっていたようで、パパはハムやソーセージをお土産にうれしそうに出かけて行ったけれど。」

弟子の八木下俊三は書いている。

「（ローマイヤーは）まれに見る美男子で……花柳界の姐さんや横浜辺りのダンサーたちで彼に思いを寄せた女も少なくなかった。彼女たちから電話があっても、私は一度も取り次がなかった。彼は非常にお行儀がよく、いろいろと噂はあっても一度も問題は起こさなかった。この点、私によく似ているのもまさに師弟の奇縁である。（最後の部分の真偽のほどは不明）」

「テアさん、捕虜収容所の写真をたくさん見ましたけれど、お父様くらいの美男はなかなかいないから、お母様が心配するのも無理ありませんよ。」

「たしかに父は素敵だったわ。娘の私が見ても。」

「ところでお父様は、ゾルゲの正体なんかおわかりになりませんでしたでしょうね。」

「父は、勘がよかったから、何か感じたかもしれないけれど、そんなことは決して口に出したりしませんでした。ゾルゲは情報を集めるために店へ来ていたかもしれない。いろいろな人が出入りしていたから。でも、だれも彼の正体はわからなかったと思います。彼が逮捕されたときにはみんなとってもビックリしたのよ。」

「岩倉（具一）さんのお祖父さん（ユンカー）の所へもゾルゲは来ていて、恋人に声楽を習わせていたそうです。ゾルゲに頭を撫でられたことがあるんですって、岩倉さん。優しい人だったたって……でも、ゾルゲがつれてきた女性が歌を歌えたかどうか覚えていないそうです。」

その恋人とは石井花子で、彼女の著書『人間ゾルゲ』には、何回かローマイヤが出てくる。

二・二六事件のとき——

この事件の当時、ゾルゲはローマイヤで食事のとき、「なんですか？　なんですか？」とわたしに問いただした。

わたしは街のゴシップは知っていたが、ことのよしあしはさておき、武力によって貴重な人命を奪ったことは日本人の恥辱であると思われたので……わたしは頼りない英語やドイツ語の単語を並べながらしどろもどろに語った。

「人、話します。日本は満州をよくしました。兵隊ほうび欲しいです。ありません。兵隊怒りました。悪いできました駄目です」。ゾルゲはうなずきながら笑っていた。

「そう、あなたどう思います？　わたし知りたいです。」（徳間文庫版『人間ゾルゲ』二二一〜二二二ページ）

またソ連開戦後も――

……ゾルゲはうなずきながら上着を着け始めた……

途中、中央郵便局へちょっと車を止め、中で待っているとゾルゲはすぐ引きかえして来て、ふたたび車を走らせてローマイヤへ行った。明るい照明の食堂には、内外人とり混ぜて客は一杯だった。……少し洋酒を飲んで食事をしていると、つぎつぎに外人が立って来て、ゾルゲと言葉を交わし、また帰って行った。……

（同『人間ゾルゲ』一五一ページ）

逮捕される前も――

それからしばらくして、わたしはゾルゲとローマイヤで会った。彼はレストランに入るなりあたりに目をくばり、怒ったような顔をしていた。そして、わたしの腕をとり、

「バーのソバ、よくないです。もっとあっちいいです。どうぞ、いらっしゃい」

と言って、中央のテーブルへ腰をおろした。

「みや子、きょうたくさんポリスいます。あなた恐い？」

（同『人間ゾルゲ』一六二ページ）

このときは、「レストラン・ローマイヤ」の回りにも見張りがたくさんいたはずである。このあとゾルゲは逮捕されている。

ゾルゲと関係のあった当時のドイツ大使の妻と恋の鞘当があったもう一人のゾルゲの恋人、エタ・ハーリッヒ＝シュナイダーというチェンバリストの自伝の中には、一九四一年の八月一日に、オット大使と散歩して「高級レストラン・ローマイヤ」で食事をしたという記載がある。この人の自伝には、当時のいろいろな人や事件が出てきてなかなかの資料ではある。だが、ここには石井花子は出てこないし、石井花子の本には大分年上の彼女は出てこない。大使館などで何回か彼女の演奏を聞いたテアさんは、それほど親しみを感じていたようではない。

「まあ、彼女もゾルゲの恋人だったの？　オット大使夫人とゾルゲのことはみんなが知っていたけれど。ゾルゲは大使の『ハウス・フレンド』といわれていたのよ。エタ・ハーリッヒ＝シュナイダーと父は挨拶を交わしたくらいだと思うわ。父はとても忙しかったから、お客さんと個人的付き合いをする時間なんかなかった。」

「エタ・ハーリッヒ＝シュナイダーは、自分の愛の遍歴は結構赤裸々に書いています。ゾルゲの次は進駐軍の兵隊なんです。彼女もゾルゲがスパイだったことは、知らなかったようですね。」

「まあ、そういうことが知れるようでは、スパイは出来ないわね。」

「そうですね。でも、ゾルゲに関しては、まだ何か出て来そうな気がします。」

ゾルゲが逮捕され、最後まで彼の無罪を主張していたオット大使は失墜して中国へ去った。彼は南独シュヴァーベン地方出身の実直な軍人で、嫌われるような人ではなかった。

「オット大使は人のいるところへはあまり行かなかった、うちの店へもたまにしか来なかった。奥さんとゾルゲの浮気のことも人が噂していたしね。私邸に品物を届けたりする父が大使と話すことがあったか、もし話したとしても、なにを話したか、私たちにはまったくわからないのよ。」

しかし、ゾルゲが逮捕されると、ローマイヤーも日独両方から執拗な取調べを受けた。ローマイヤーはゾルゲと親しくしていたし、なにをした人であれ、逮捕後も彼に対する気持は変わらなかった。だが、店も常に監視され、同盟国の人とはいえ、ドイツ人が他の外国人よりも特典を持っていたわけではない。当時、外国人は基本的にスパイの可能性があったのだ。

軍人大使オットが更迭され、民間人の大使シュターマーが赴任した。今まで軍人大使が抑えていたナチ党員やゲシュタポが、急に大きな顔をしだした。シュターマー自身も党員で、ナチ党のコネで大使になったといわれていた。ローマイヤーもそういうことを聞いて用心した。

ところが、それまでかろうじて抑えつけられてきた「（人呼んで）ワルシャワの殺人鬼」ゲシュタポのマイジンガーが暴れだした。日本へ来る前に、ワルシャワで酷いことをしてきたという噂で、恐れられていた。こういう人が店に来ると、ローマイヤーは、日本人なら、塩をまきたくなるという表現が合う気分になる。

だが、もっと悪いことになった。それまでに二回入党を拒否したローマイヤーに、「今度は入党しないと、店をボイコットする」という通知が来たのである。

ローマイヤーは来るものが来たと思った。だが、逃げられなかった。

「ゾルゲ事件が発覚すると、外国人はみんな疑われました。一時、クラウゼン（ゾルゲの仲間、連合国により釈放され東ドイツに帰る）の奥さん（アンナ・クラウゼン）と行き来していた母が『あそこへ行くと、クラウゼンが隣の部屋でレコードなんかを使ってなにかしていたようだけれど、あれは無線かなんかだったんじゃないかしら』なんて言っていました。ゾルゲは死刑になったけれど、クラウゼンは後からソ連の勲章なんかもらってる。」

「ベルリン（旧東）には、まだリヒアルト・ゾルゲ通りという道があります。モスクワには、ゾルゲの銅像まであるそうですよね。」

「ゾルゲが逮捕されたとき、みんな、なんかの間違いだろうと思ったのよ。

よくローマイヤーの店に来て、軍人や外交官とサイコロ遊びをしたりして、ゾルゲが怒ると、みんな彼が負けたことがわかったんです。でも彼を悪く思う人はいなかった。ともかく、ゾルゲが逮捕されると、年中ゲシュタポや特高、憲兵隊に監視されて、私たちの周りは居心地が悪くなりました。振り向けば誰かが立っているのです。友人のミュラーはパン屋で、お客はみんな日本人ばかりだった。だけど、父はナチから店をボイコットされたら、ドイツ人も恐がって来なくなる。もうお終いだったのよ。彼は御用商人でもない。戦争と関係を持ちたくはなかった。なにを言わなくても、自分の信念は守っていた。仕事の面ではいい加減なことはしない。本物を作る。生活面では平和主義者でした。昔乗っていた船を懐かしがるのは当然です。彼の青春の一部なんだから。でも、戦争は、本当にこりごりだったから、所かまわず侵略していくナチの、その党への入党を迫られたときは、自分を売ることになるから、それはそれはつらかったと思います。日本も真珠湾を攻撃して太平洋戦争が始まり、国民は興奮しているけれど、決して幸福な興奮ではない。兵隊が出て行く。物は不足する。ドイツはといえば、両面戦争へそして敗戦へ向かっていました。父は逃げられなかった。妻と三人の子があったんです。」

暗い日々

ローマイヤーは、ウップンを晴らすために、モーターバイクを乗りまわした時期があった。

「少し酔っているときが、一番良く走れるなんて言って、母を心配させました。」

「事故を起こしたことはないのですか。」

「一度だけね。出前のおソバ屋さんを避けきれずに、かすってしまって、積んでいたおソバをひっくり返して、父も頭からおソバをかぶり、バイクもソバだらけになったんです。相手を怪我させたかと、ゾッとして、そのときの気持で、バイクはやめたんです。」

あれほど、嫌っていたナチ党員のバッチをつけなければならない。大切な人たちのために自分を偽ってしまった。その重圧にビールの量が増した。

その頃、日本にあったドイツの会社は、経営を続けるためには、一社で一人党員にならなければならなくなった。ゾンホーフと一緒に法律事務所をもっていたフォークトの場合は、病身のフォークトの代わりにゾンホーフが入党した。フォークトはこの頃、伊豆に閉じこもり、妻に優しく扱われていないという噂だけが流れてきた。ちょうどミュンヘンの友人を訪ねた、シンチンガーの娘さん（エミーさんの友達）に当時のことをきくと、「随分忘れた」と前置きして、「あの奥さんでは、フォークトの最後は寂しかったはず」と言っていた。

ローマイヤーのところでは、材料も不足した。日本人の従業員も召集されたり、時局上去って行った。ローマイヤーは少ない従業員と腸作りから機械洗いまでやり、ピックルス、サワークラウトと、材料が手に入るうちは、なんでも自分でやった。

ローマイヤーとバイク。品川、1930年前後。（提供：テア・ラバヌス）

氷が不足する。豚や羊の内臓は腐りやすい。早い仕事と衛生管理に神経が要った。仕入れた腸の汚物を洗い落とし、裏返してスプーンでこく、手間のかかる仕事だ。次男のオットーも子供ながら出来ることはした。テアさんの説によると、サラミを日本で始めたのはローマイヤーだが、氷も人手もなくなれば、もうできない。そのためにドイツから買った機械が止まった。フサと二人で額を寄せ合う晩は、隣の部屋の子供たちも心配している様子がわかる。ローマイヤーは、フサがいなかったら、とっくにだめになっていただろうと思った。

彼女には、苦労させた。英国風に育った彼女もいつの間にか、ドイツの職人の妻になっている。

「どんなことがあっても、子供たちにはドイツ語を続けさせなければ。二つの文化を背負っているのだから、それだけは、やめちゃだめよね。」

フサが探してきたドイツ女性に、フリーダ・ヴァイスという人がいた。それ以前も三人のドイツ女性が住み込みで子供たちにドイツ語を教えたが、いつも長男ヴィリーのいたずらが激しくていつかなかった。だが、フリーダ・ヴァイスは簡単には諦めない。

彼女は苦労人でしっかりしていた。ヴュルツブルグで生まれた彼女は、離婚後、留学してくる日本人にドイツ語を教えていた。そんな生徒の一人と結婚を約束して日本へ来たら、横浜にも現れなかった相手は妻帯者だったという不幸な日本のスタートをした人である。波止場に待っていたその男の友達から、妾の可能性をほのめかされて彼女の誇りは傷ついた。日本にとどまったが、裏切った男とは二度と会わずに頑張った。早く両親を失い祖母に育てられ独立した人で、その自信には子供たちも逆らえなかった。だが、そのフリーダもナチを避けて軽井沢へ行ってしまうのだった。ローマイヤーも党員のバッチをすれば、誤解されても仕方がない。

だが、彼は、そのバッチをしていなければとがめられるとき以外は外していた。彼の一生のうち身につけたもので、これほどおぞましいものはなかった。

仙石原への疎開

「社長、この戦争、負けるんじゃありませんかぁ。だって、アメリカは物量が違うもの。はじめから、勝ち目はなかったんだ」

言ってはいけないとはいえ、日本人の従業員さえ、声をひそめて言う。一般の市民でさえそんな感じがするのに、戦争を始めた人がいる。

ローマイヤーは胃潰瘍で倒れた。その胃はどれだけの負担をのみこんでいたか。医者が「危ない」という重態に陥ったが、フサが一家を支えた。

一九四二年頃から、ドイツ人は軽井沢、山中湖、河口湖、箱根などに疎開を始めていた。緊急アビチュア（バカロレア）をとらねばならない長男ヴィリーの通うドイツ学園が仙石原に疎開したのを機に、フサは病気の夫と長男を連れて、箱根の仙石原へ移った。マイジンガーの顔を見なくてもすむ自然の中なら、夫も回復するだろう。戦前に帰国するアメリカ人から買っておいた家があった。

芦ノ湖の湖尻から仙石原へ向かえば、冠岳が見える。長尾峠を越せば御殿場、河口湖だ。テアとオットーは東京に残って、閉鎖された工場と家を守った。

細雪

谷崎潤一郎が『細雪』を書き出したのはこの頃だ。一九三六〜四一年の時代を背景にした大阪船場の商家の四人姉妹の話だ。四三年四月『中央公論』に掲載が始まったが、「時局に合わない」と掲載禁止になった。四四年に上巻だけ自費出版したが、配布禁止になった。谷崎は防空壕の中で書き続けたという。その中の数か所に「ローマイヤ」が出てくる。

台風一過した翌日——

「皆で銀座に散歩に出て洋食でも食べようということになったが、そんなら尾張町のローマイヤア云う店へいらしって御覧なさりませと、女将が教えてくれたので、そこへ行ってお春にも相伴させてやり……」

（『細雪』二二七ページ）

「妙子は銀座まで出かけるなら、話に聞いているニューグランドかローマイヤアと云うことにしたが、アタシも行ったことないねん、数寄屋橋で降りて行くのん、と……」

（『細雪』四五九ページ）

「やっぱりあたし等、大阪や京都の方がええなぁ。昨夜のローマイヤアどないやった？」

「昨夜は料理が違うてたわ。ウィンナアシュニッツレルがあったで」（『細雪』四六五ページ）

後年も少なからずドイツが出てくる小説を書いた谷崎もローマイヤで食事したに違いない。他の文人も来ていただろう。

このような作品の中で、ローマイヤは、なんだかハイカラな感じだ。西洋料理がまだ特別な時代、ローマイヤはモダンで高級なところだった。

だが、オーナーシェフのローマイヤーは身を粉にして働き、迫り来る時代を恐れてオーストラリアに移民することさえ考えていたのである。ナショナリズムのないところへ行きたかったのだ。とはいえ、入党を強制されて胃潰瘍で倒れたローマイヤーと、防空壕で書き続けた崎谷潤一郎の間に、図らずも一種共通の戦時下の日本の状況が投影されている。

バタビア婦人とヴァイオリンを弾く

「パパは、またヴァイオリンを弾くようになりました。」フサからの便りである。

結婚のときの約束「ヴァイオリンを教えてあげるよ」は、忙しくて実現しなかったが、ローマイヤーは、久留米で習ったヴァイオリンを弾き出したのだった。

久留米は音楽が盛んだった。二か月に一度はベートーベンの曲が演奏されたくらいである。

箱根には、「バタビア・フラウ（バタビア婦人）」と呼ばれる女性たちも疎開していた。蘭印（オランダ領インド）と呼ばれていたインドネシアから日本へ逃れてきたドイツ婦人をそう呼んでいたのだ。一九四〇年五月にヒットラーがオランダを占領したときに、オランダの植民地にいたドイツ人とその配偶者はみんな男女別々の収容所に入れられたが、女性だけ日本へ輸送され、シベリア経由で帰国することになっていた。だが、ドイツがソ連と開戦したので帰れなくなり、日本のドイツ大使館に保護されたのだった。（バーバラ・ヘルム〔旧姓シンチンガー〕さんがミュンヘンで訪問した友達がバタビア・フラウで、彼女のお宅にお邪魔して、聞いた話である）

男たちは抑留され、英領インドへ輸送中、一隻はオランダ人乗務員にバルブを開け放しにしたまま乗り捨てられて意図的に沈められた。泳いでスマトラの南の島ニアス島にたどり着いた何人かがあって、この事実は、「ニアスの悲劇」として明るみに出た。オランダはこのような自国の暗い過去を話すことはあまりしない。私は、ドイツ以外の国で自国の「すねの傷」を正視する国をあまり知らない。

バタビアから来たピアニスト、コッホ夫人と、仙石原のローマイヤーはデュエットを組んだ。文化を分け合う人とのひと時。ヴァイオリンを弾くやせ細ったローマイヤーの顔に笑顔が戻った。箱根でいいことは、あの忌まわしいバッチをとったままにしていても、危なくないことだ。

だが、なんとあのワルシャワの殺人鬼マイジンガーが、アグファの駐在員だった友人と箱根を訪れたことがあった。なんでまた、ここまで……。

1945年夏、箱根。勤労奉仕のドイツ兵と。後列左からフサ、ローマイヤー、テア。(提供：テア・ラバヌス)

このころ、一八歳のテアと一五歳のオットーは二人でかばいあいながら品川の工場を守った。父親が倒れて、生産は中止していたが、両親が苦労して築いたものだ。

一九四五年になると、空襲が激しくなった。一月、三月、姉弟は三月の東京大空襲の前に箱根へ逃げた。リュックを背負って東海道線に乗り、小田原からどう行ったのか覚えていない。

「最後は確か夢中で歩いて行ったんだと思います。」

その後の空襲で東京が地獄と化す五月、箱根は草木が萌えて美しく、静かだった。山は山として、湖は湖として、野原は野原として穏やかにその存在を語っている。

姉弟は、久しぶりに父親の弾くヴァイオリンを聞いた。

福岡、1917年 12月。真ん中が総督マイヤー＝ ヴェルデック、右は巡洋艦「皇妃エリーザベト」の艦長マコーヴィッツ。（提供：フレンスブルグ海軍士官学校）

「フォークトが久留米で作曲した『夕べのヴァイオリン』か、『囚われ人の歌』でしたか。」

「さあ、曲は覚えていないわ。でも、音楽は父をしばし人生の修羅場から遠ざけてくれたと思います。久留米でも音楽は慰めだったんだから。」

病状が快方に向かうと、食糧難の折、ローマイヤーは痩せ細った体で農業を始めた。黙々と木の根を掘り起こし、開墾して、野菜や穀物、仙石原に水田まで作ったのである。

五人の子供が残されたポーゼンの農家のことを思えば、今は家があり、妻がいて、子供もいる。一文無しでもない。捕虜でもない。幸せな男なのだと、ローマイヤーは思った。

御殿場から好きな馬を買ってきた。畜産ができるかもしれない。一頭は、競争馬で「さざなみ」という名だった。さざなみは、一家に喜びを与えた。

ドイツの水兵が勤労奉仕

ローマイヤーのところにドイツの水兵が勤労奉仕に来た。

箱根には、一九四二年からドイツ海軍の水兵がいた。傷病兵、寄航中の帰休兵、横浜港タンカー「ウッカーマルク」爆破事件(一九四二)の生存者、戦況の変化で封鎖突破不可能になった補給線の兵士等で、主に芦の湯の松坂屋旅館、ふるや旅館、しもた屋、箱根ホテルなどにも宿泊していた。大使館との契約で、ふるや旅館にはバタビア夫人もいた。結核のために下船して逝った兵士の墓も、兵の訓練も兼ねた勤労奉仕で、防火用水と保養にとドイツ海軍の将兵が掘った池(安字が池)も残っている。

横浜港の爆破事件のときは、タンカー「ウッカーマルク」の横にいた補助巡洋艦一〇号やドイツに拿捕されたイギリス船「ナンキン」(改名されて貨物船「ロイテン」)などに被害が及び、少なくない死者と負傷者が出た。テアさんなど、ドイツ少女連盟に入らねばならなかった少女は、看護婦として横浜に呼ばれた。怪我、火傷、失明と悲惨なものだったという。この事件の原因はいまだに不明である。

そんな兵士の中からラオマンとメラーやラーブがローマイヤーの農業を手伝いに来た。

一日の労働が終って温泉に入り、ローマイヤーと若者がカード遊びをする。みんな戦争が早く終るのを待っているが、憲兵隊が見え隠れしている。誰がゲシュタポかわからない。人に聞こえるように自分の考えを言ったら危ない。笑うときだけはみんなで笑ってもいい。

ローマイヤーは吸ってはいけないタバコの煙を吐く。青年の夢のいっぱい詰まった袋を水兵服の肩にかけ船に乗ったときのことを思い出す。未来ある青年をそんな夢でつって死地に誘うものはなんなのだ。タバコの煙を吸い込むと、地獄絵の裏側の平和な箱根の夕日が胸を刺した。

沈んだタンカーから煙の匂いのするゆがんだ缶詰、ラベルの焼け焦げたコーヒー、補助巡洋艦が航行中に拿捕して曳船してきた貨物船「ロイテン」（元英国船「ナンキン」）から積み降ろした北アフリカ戦線のオーストラリア部隊用肉や魚の缶詰まで、大使館が同胞に分配した。それを配給されてみんなでリュックに詰め、強羅から担いで帰るのだった。

ドイツ大使館の自国民援助は評価しなければならない。食料はありがたい。だが、缶詰の戦争の匂いが心を刺す。複雑な思いながら背に腹はかえられないのが生きるということだった。

一方、そんな缶詰の食べられない「さざなみ」は餓死してしまった。ローマイヤー一家は悲しんで愛馬を埋葬したが、後から土地の人が掘り起こして食べたと聞くと、だれも飢餓の行き着くところを感じるのだった。ナチ党は、ローマイヤーに農産物をドイツ人に分けるように要求した。だが、彼は「世話になっている」日本政府に従って村に供出した。

「ススキと笹ばかりの仙石原で酪農は無理だったんです。一〇頭の牛が毒草を食べて死んでしまい、養豚は餌がなくでダメ。富士の向うの山梨県だったらと、後でいわれたけれど……。

これは父には大きな打撃でした。オーストラリアに行ってたらねぇ……時々思ったらしい。兄や弟が栄養失調で倒れたとき、母が闇で買った甘い物を食べさせたのよ。父がこれを知って怒りましてね。闇は許さないって。『世話になっている日本の若者は死地へ赴いている。そんなときに自分の息子にぜいたくをさせていいと思っているのか』って。

一家を居させてくれる日本に父は感謝していました。父も栄養失調で、精神力だけで生きているように見えました。まったく欠乏して、一人一日パン一切れという日もありました。父の胃潰瘍に心臓病が重なりました。指は農業で節くれ立って、ヴァイオリンも弾けなくなります。

五月八日、ドイツは敗戦しました。すると、私たちの行動範囲はさらに制限されました。囲いがあったわけではないけれど、憲兵隊が恐いから、だれもそこから出ようとはしませんでしたよ。」

一九四五年春、米軍が沖縄に上陸したという知らせが入る。すでに特攻隊が飛んでいた。ローマイヤーは、より多くの兵の命を救うために降参した青島の総督の決断に感謝した。

箱根にいる若い水兵たちも早く故郷へ返してやりたい。ローマイヤーは開戦当時すでに英米人の友達からドイツも日本も負けると聞いていた。だが、三国同盟なんかにはしゃいでいる客がずいぶんレストランに来たものだ。戦争は一日でも早く終らなければならない。

広島長崎に爆弾が落ちた。

日本はやっとポツダム宣言を受け入れ、遅すぎる無条件降伏をした。

「パパ、大丈夫よ。戦争は終ったんだし。」

テアはそっと、父親のタバコを取り上げた。再起が可能とはおもえない父の姿だった。

間もなく、日本で傍若無人に振舞っていた「ワルシャワの殺人鬼」マイジンガーが疎開先から米軍によって東京へ護送され、ポーランドに引き渡されたというニュースが伝わってきた。これでほっとしなかったドイツ人はいない。本物のナチでさえ肩の荷が下りたはずだ。無理やり押し付けられた党員バッチをもぎ取ってふんずける者もいただろう。

だが、ドイツで何が起きていたかを知らされて呆然としたのは、ローマイヤーだけではない。

この時代に善意だったドイツ人にとって、この傷は一生癒えることはなかった。

九　日はまた昇る

品川の春

憲兵隊や特高、ゲシュタポがいなくなったことは、すべての者にとって解放だった。だがすぐに自由になるというわけにはいかない。今度は、当然のこととして、進駐軍によるドイツ人の監視が始まったのである。

一九四七年、農業に携わるオットーと、病身のローマイヤーの世話をするフサは箱根に残り、ヴィリーとテアが先に東京に戻った。

しばらく見なかった東京の、変わり果てた姿。米兵が歩いている。ジープが走っている。お腹はすいていても、箱根には自然があった。だが、兄妹は戦争の爪あとの中に戻ってきたのだ。

それでも、ある種の安堵と、新しい始まりの息吹が感じられる。

「家がある！　家がある！」

なんと、ローマイヤーの家は焼け残っていた。だが、二人が走り寄ると、家には人が住んでいた。知らない人たちが困ったような顔をしてこちらを見る。

「すみません。焼け出されてしまったもので。」

「私たちも入っていいですか？」

兄妹はなにも言えずに、知らない人たちと暮らした。

しかし、間もなくみんな出て行った。


ローマイヤーが東京に戻ったのはその二年後である。

なぜ党員にならなければならなかったか、証人はいくらでもいた。彼を本当にナチだと思っていた人はいなかった。ローマイヤーは本国送還にもならず、ナチ協力者として起訴されることもなく、そのまま日本滞在を許された。ローマイヤーは、そのことをありがたいと思ったが、自分の心の中に許しがたいものがあった。戦争中に祖国でなにが起きていたかを知らされると、なおさらのことである。知人友人にもさまざまな運命が待っている。

ある種の絶望感、幻滅からは回復することはもう永久に望めなかったかもしれないが、米軍から移動の自由が許された一九四九年までの箱根での時間は、ローマイヤーの健康回復にはよかったかもしれない。東京での再出発のために、仙石原の家も土地も売って、再起の資金を作った。

散々なありさまとはいえ、品川の工場には機械が残っていたので、運が良かったのだ。どうすればいいといっても、やり直すしか道はない。ローマイヤーは最後の力を振り絞った。ヴィリーは父親の仕事を継がないというから、オットーを職人として厳しい修行をさせることにした。実際、オットーにはやる気もあったし、親譲りの勤勉さでよく学び、よく働いた。

掃除をして、サビをとり、機械を洗い、ネジを締めて油をさす。電気の回路を整備する。こうして、海晏寺の庭に菫が咲き、桜が散り、燕が家々の軒に巣を作る頃、ローマイヤーの工場はふたたび動き出した。一九四九年の六月である。

当時結核が流行り、「栄養をつけること」が求められていた。お歳暮の時期には、お医者さんがいいお客さんだった。

この頃テアはグレッグ速記学校で、水戸から出てきたアンネリーゼ・バイヤーと知り合う。ボンから旧制水戸高校へドイツ語教師として赴任したクルト・バイヤーの娘で、一九四四年に失業した父親と軽井沢に疎開していたが、職業を身に付けようと東京に出て来たのである。学校で二人だけ毛色の違った生徒、テアとアンネリーゼはすぐ友達になった。収入のないバイヤー家の事情を聞いたテアは、すぐ父親に頼んで雇ってもらった。

「テアちゃんについていったらすぐ採用になったの。ローマイヤーさんはなにも言わずにうなずいただけ。すぐに温かみを感じたわ。親切だった。とっても助かったのよ。あの頃はアメリカ人

品川のローマイヤ店。1949年。(提供：テア・ラバヌス)

がたくさん買いに来ていた。他にいいソーセージがなかったし、普通の日本人は、ローマイヤの物には手が出なかったのよ。ローマイヤーさんは口数が少なかった。よく働いた。なんでも自分で勉強した人だったわねえ。日本語は上手だった。戦争のことはなにも言わなかった。自分でけりをつけていたのかなあ。話したくなかったのかなあ。うちが困ってたでしょ。よく品物を持たせてくれたわ。それ以外にも、うちの家族は本当に世話になったのよ。いい人だったわ。暗い顔をしたのを見たことがない。大きな声を出したこともない。勤め人になっていたヴィリーは良く知らないけれど。オットーは真面目で職人気質の人。よく働いていた。テアは、人間としてまったく父親そっくりよ。」

三歳から三〇年日本にいて、一九五四年に父親の遺骨を抱いて帰国したという彼女をエッセンに訪ね、その流暢な日本語に驚いた。テアさんには今でも世話になっているという。

「テアさんが父親そっくりの人間」と聞いて、私は会ったこともなく、会うこともないアウグスト・ローマイヤーという人について語る不安の消えていくのを感じた。

地球の上に朝が来て

「ワッショイ　ワッショイ　ワッショイ　ワッショイ」夏祭りの神輿が行く。

「金魚よよよよおおお　金魚」

ローマイヤ店の看板。連合軍総司令官（SCAP）公認と書いてある。1949 年、品川。（提供：テア・ラバヌス）

戦争が遠のいて次第に「品川」が戻ってくる。

南品川五丁目のローマイヤーでは、若いテアさんとアンネリーゼさんが働いている。

よく止まるのは、アメリカ人のジープ。戦後最初のお客さんだ。日本人はまだ「東京ムギムギ（ブギブギ）、田舎白米……」の時代である。

アメリカ人はソーセージよりステーキだ。

だが、ウィンナーは良く買っていく。

「何でこのウィンナーはよその二倍もする

の？」

なんていうアメリカ人の女性に、ローマイヤーは、
「じゃ、安いところで買ってください。」という。
「お客様にいえない工夫をしなければ、一本四〇円のウィンナーが作れるはずない。うちではちゃんとした材料以外は一切使用せず、着色料なども使わず、本格的な燻製で色と独特の味を出しているんだ。自分の良心に反するようなことはしない。いい材料と技術と経験で作るのが、ローマイヤーのハム・ソーセージだ。」

このローマイヤーの哲学は、テアさんのところでご馳走になると伝わってくる。

ローマイヤーは、戦前もアメリカ人と付き合って、ブレーメンで習った英語に磨きをかけていた。テアさんは父親の書架に英語の本やスペイン語の本を見つけている。

ゲルハルト・ハウプトマンやエーリッヒ・ケストナーの本があったという。

ローマイヤーは歴然たるドイツ人だったが、ナショナリストではなかった。オーストラリアに移民出来ていたら、入党する必要もなく、自分の良心の呵責に苦しむこともなかっただろう。

この頃ローマイヤーは、歴史が繰り返されないということが信じられない気持になっていた。

そして、あまりに早く、一九五〇年、なんでまた……朝鮮戦争である。

連合軍には二二か国の兵士が参加しているという。戦争をするのは兵隊ではない。兵隊は、させ

られているのだ。そういう世の中の動きは、もう若くないローマイヤーにとって体全体の負担になった。戦場と捕虜の昔がよみがえる（ちなみに、朝鮮戦争の捕虜に関してはいまだに謎が残っている）。

一九五二年、サゴヤンが逝った。

神田のニコライ堂の告別式にひざまずいた大理石の床が冷たかった。ロシア正教のミサに、ローマイヤーはサゴヤンのユーラシアの旅を思った。小アジア（現トルコ）から、シルクロードを満州へ、そして日本、誰も恨まず安らかに逝った。

ローマイヤーはロシア語もアルメニア語も出来ないから、二人は日本語で話した。サゴヤンとは、またどこかで会いたいと、ローマイヤーは思った。二人の故郷で。それは国なんてものがない国のはずである。

アンネリーゼ・バイヤーとテア。1949年、銀座。（提供：テア・ラバヌス）

当面使い物にならなかった銀座の店を再開したのは、一九五三年のこと。以前のように直売とレストランを始めた。同時に有名デパートの名店街、のれん街などにも店を出した。

父親カール・レイモンと共に、ローマ

イヤーを訪ねた娘のフランチィスカさんは思い出す。

「一九五三年だったと思うわ。大学へ入ったばかりで、ハイヒールがほしくて、函館から出てきた父にねだって、細いカカトの八センチものハイヒールを買ってもらい、有名な銀座の『ローマイヤ』へ行ったのよ。同業者だから挨拶もしたいということで。ローマイヤーはいなくて、テアさんがいたの。父は娘にそんな靴をはかせたくなかったから、テアさんに頼んだのよ。『言ってくださいよ。こんな靴履くものでないって』。テアさんは困ったような顔をしていた。別れるときに、『日本とドイツの子供は両方の文化を知るためにドイツへ行かせたせたほうがいいでしょうね』と言っていた。帰りに銀座の地下鉄でころばないように父にしがみついて階段を降りたわ。その後、どこであったのか、ローマイヤーはとても背が高い人だった。朝から晩まで、土曜も日曜も働くという話だった。」

レイモンさんも、厳しい時代を生きぬいていた。

仙石原で畜産に失敗したローマイヤーが胃潰瘍と心臓病に苦しんでいたとき、レイモンは、函館で資産を強制買収され、スパイ、スパイと呼ばれながら自分の家の地下を掘って防空壕にして、生き延びたのだ。国境のない、戦争のない欧州を夢見て、欧州運動をしたレイモンがナチのバッチをつけたローマイヤーを批判することがあったら、それはちがうと、この次、レイモンさんの眠る函館の外人墓地で話してあげたい。

「ねえ、この話、したかしら?」と最近フランチィスカさんが始めた。

「あの函館の父のお墓の隣は、この前の戦争のとき、オーストラリアとイギリス兵の捕虜の収容所だったのよ。彼らは足をつながれて働かされていた。労働から収容所に帰る途中に、函館で一軒のパン屋があったの。そのパン屋の前にトラックを止めて、捕虜たちにその匂いをかがせたのよ。食べられないパンの匂いを嗅がせて苦しめるために、わざわざトラックを止めたのよ。ひどいことをしたものね。」

「『武士道』が、泣くわね。」

「案外そんなものかも…『武士道』って。」

朝鮮戦争の報道に、ローマイヤーの気が滅入った。疲労を感じた。

「狂気は個としてはまれなのだが、集団、党、民族、時代、規則の中にはよくあることだ。」

とか、ニーチェを引き合いに出したのは、フォークトだったか、ヴェークマンだったか。

友達には、恵まれていた。ローマイヤーは自分の酷使した体が昔のようなわけにはいかないことを痛感する。ふと、もういちど祖国を訪れてみたいと思った。まだ歩ける。ドイツで、生きているのは四男のグスタフだけだ。ヴェストファーレンにいる。ブレスラウで戦傷死した末っ子オットーの家族は西ドイツで再出発したという。

短い間に二つの戦争に負けた祖国はさらに小さくなって、しかも東西に分断されているが、幸い生まれた所はアメリカ・イギリス・フランス占領地域(西ドイツ)になっている。鉄条網を越す必要はない。妻にも娘にも見せてやりたい。自分がどこから来た人間であるか。

息子たちは今父親の仕事を継ぐ出発点にいるから、余裕ができたら自分で行かせよう。

朝鮮半島では、一九五三年、板門店で少なくとも休戦協定が結ばれたので、ローマイヤーは親子三人の旅を計画した。

幸せの旅

一九五四年の春、三人は横浜からハンブルグ号に乗った。八六人の船客を乗せた客船で貨物船もかねていた。見送りは店の者とテアのピアノの先生岩倉ヴェラと具一だった。

横浜、香港、シンガポール、クアラルンプール、ポート・スエティングハム（マレーシア）、コロンボ、アーデン、スエズ運河を通ってアレクサンドリア、シチリア、ジェノアというルートである。

「テアさん、シンガポールやコロンボで、若い水兵アウグスト・ローマイヤーに会いませんでしたか？」

「父は会ったかもしれないわね。私には見えなかったけれど。」

マラッカ海峡の美しさ、インド洋のイルカの群れ、潮を噴く鯨、まもなく戦争に巻き込まれることも知らずに感動した自然、今過ぎ去ったすべてのことの後で、ローマイヤーはどのように見たで

船出前の横浜埠頭。左から岩倉具一、ヴィリー、岩倉ヴェラ、フサ。1954年4月。(提供:テア・ラバヌス)

あろうか。

「パパイヤにレモンをかけて、父はおいしそうに食べていました。私が見ていると、父が見返した目が笑っていたので、何も言わなかった。輸送船で中国へ行く水兵には、そんなこともぜいたくだったかもしれない。母と私と一緒で父は安心して旅を楽しんでいることがわかりましたから、そっとしておきました。吸い込まれそうな海を見ていたり、静かな星空を仰いでいたり……」

私も、そこで南十字星のことなど引き合いに出すのはやめた。

ジェノアでは借りてあった車が来なかったので、列車でミュンヘンまで行った。

南ドイツはローマイヤーも初めてだった。ミュンヘンではホーフブロイハウスのビヤーホールへ行った。当時は観光化されていない素朴なビヤーホールだったに違いない。ローマイヤーは好きなビールを堪能して、いい気分になった。

結局、一生日本酒にはなじめなかったことに気がつく。そういうものだ。捕虜の中には、なれない日本食でおかしくなった者もいた。それで、自分たちで厨房に入ったのだ。私も欧州で三年間みそ汁を食べられなかったら、みそ汁を夢にまで見たことがあった。

初めて見るミュンヘン名物とか言う「白ソーセージ」（子牛の肉に玉葱、パセリ、しょうが、レモンの皮、カルダモンなどが入った白いソーセージで、湯豆腐のように湯がいて、皮をむいて甘いからしをつけて食べる）は、口に合わなかった。ニュルンベルグのソーセージやレーゲンスブルグの昔ながらの石の橋のたもとで焼いているソーセージは、おいしいと思った。

「どこに行っても、パパのソーセージが一番おいしいと思ったわ。」

そんなことを言うテアさんをローマイヤーがどこかで聞いて、嬉しそうな顔をしているようだ。

一家は、南ドイツをベルヒテスガーデンからザルツブルグまで足をのばし、それから北上してブレーメンの親方のところを訪ねた。北ドイツの港町はみんなかなりの爆撃にあって、戦争の爪あとはまだ生々しさを残していた。ハンザ都市ブレーメンは、戦争中一七三回の空爆を受け、八五万個の爆弾を落とされたと聞く。親方は亡くなり息子の代になっていたが、親方の奥さんが老齢ながら生きていてローマイヤーとの再会を喜んでくれた。

またヴェーゼル川に沿って下り、一家はローマイヤーの生家のあるラーデンのファールへ行った。

ミュンヘン・ホーフブロイハウスで。右からローマイヤー、フサ、テア。1954 年。（提供：テア・ラバヌス）

二歳で去ったこの町で、生まれた家を覚えているはずもなく、また生家が屋号で記録されていることを知らなかったので、見つからなかった。テアさんは、ローマイヤーの故郷がどこか決まった土地ではないことを感じた。三人で歩き回り、それぞれの思いでヴェーザーベルクランドの空気を呼吸する。遠くで牛が固まって草を食べていた。

ブンブンブン　ハチが飛ぶ
お池のまわりに　野バラが咲いたよ
ブンブンブン　ハチが飛ぶ

ローマイヤーが見つけられなかった井戸を、自分だけ見て、私はなんだか申し訳ないような、ずるいような、だが反面、とても懐かしい気持ちに襲われる。昔の絵は各々に……。

ラーデンを離れて、ヴェストファーレンのベルグカメンに四番目の弟を訪ねた。妻や娘にしてみれば、初めて会うアウグスト・ローマイヤーの親戚である。

突然の訪問ではあったが、弟の家族、長兄の娘、異母妹まで集まってくれた。最初で最後の出会いの顔ぶれであった。その後、ケルンに出て、モーゼル川をルクセンブルグとの国境沿いに、フランスの方へ走る。ローマイヤーが久留米にいた頃、壮絶で無意味な戦いが続いていた所だ。砲弾は逃れても、戦争によって破壊された心は至る所に残っている。ローマイヤーの心の中にも。

「……僕はなんの恐れもなくこの月と年とに相向うことができる。僕が過してきたこの幾年かの生活は、まだ僕の手と眼の中に生々しく残っている。僕がこの生活に打勝って来たのかどうか、それは僕にわからない。けれどもこの生活が、僕の手と眼の中にあるかぎり、それ自身の行く道を求めるに相違あるまい。僕の心の中に、僕自身、とみずから言っているものが、同じ道を求めようと求めまいと、そんなことにはかまわずに。……

……志願兵パウル・ボイメル君も、ついに一九一八年の十月に戦死した。その日は全戦線にわたって、きわめて穏やかで静かで、司令部報告は『西部戦線異状なし、報告すべき件なし』という文句に尽きているくらいであった。

ボイメル君は前に打伏して倒れて、まるで寝ているように地上にころがっていた。躰を引っくり返してみると、長く苦しんだ形跡はないように見えた……あたかもこういう最期を遂げることを、むしろ満足に感じているような覚悟の見えた、沈着な顔をしていた。

(『西部戦線異状なし』エーリッヒ・マリア・レマルク、秦豊吉訳、新潮文庫から)

ローマイヤーやスクリバやフォークト、カール・レイモン、トク・ベルツ、リヒアルト・ゾルゲが、第一次大戦のどこかの前線で、このボイメル君のように命を落としていたとしても、その日は「西部戦線異状なし」と報告されていたにちがいない。人が一人ぬかるみに倒れて息絶えていても、確かに戦線には異状なしなのだ。

ローマイヤーは、モーゼルからラインに戻る。ラインを上がり、「黒い森」をティティ湖まで行った。メッカー・ローマイヤーはイェーガー（狩人）を思う。森を走って、命の糧を射止めた人々のことを。ヴァルドホルンが聴こえるようだ。

森から流れる小川は、川となり大河になって八つの国を流れて黒海に注ぐ。河はドナウ河と呼ばれ、人を、物を、文化を運んだ。国境にこだわらず、人の世の戦いをものともせず、流れ、流れて、流れている。

フライブルグに戻りさらに南へ下るとライン河の流れ出るスイス。それからジェノアへ。コロンブスの生まれた港町には、ローマイヤーの家がある日本への「帰国船」が待っていた。

帰国してから、ローマイヤーは仕事を息子たちに引き継ぐ準備をした。心臓が弱っていたのだ。オットーは大丈夫だ。ヴィリーもちゃんとやってくれるだろうか。

一九六〇年。もう一人の友人、カール・フォークトが逝く。大戦中から病気がちで茅ヶ崎の方に引っ込んでいたし、当時の彼の妻とローマイヤーは親しくしていなかったので、遠くなっていた。幸せそうではなかった。この年、オスカー・フォン・ヴェークマンも逝く。学者の彼らしく、東アジア研究会のデスクにうつ伏せになったまま永眠していたのだという。

一九六一年八月、祖国では、東西ベルリンの交通を遮断するために壁が築かれた。

そして、一九六二年一二月一九日、アウグスト・ローマイヤー自身も帰らぬ人となるのだった。胃潰瘍の手術から目を覚ますことはなかったのだ。一度した手術の縫い目が破裂したとかで、かかりつけの内科医がローマイヤーを品川の救急病院に送った。それが間違いだったと、テアさんは思っている。

ローマイヤーは苦しんで、一言もいわずに帰らぬ人となった。

だから、彼女が忘れない言葉は、「五年間の捕虜生活が神経をこわしたから、普通の人間には戻れないかもしれない」と「なんであれ、争いごとには加わらない」ということだ。

「私の誕生日の一日前でした。あんな悲しい誕生日はなかった。父は本当に頑張ったのよ。会社も働く人たちも家族も一人で背負って、いつも希望を捨てずに頑張ったわ。でも、希望の実現は彼の体をむしばんだわ。ありのままの自分を偽ることなく、優しく、心にはある種とても優雅なものをもっていたわ。父の死は、私の心からなにか大切なものを切り取ってしまったようだったのよ。」

告別式がすむと、クリスマス、世にも寂しいクリスマスだった。


生産とレストランは、オットーとヴィリーの二人の息子たちがそれぞれ引き継いだ。生産に携わるオットーは、父親の意思を継いでさらに後継者の養成に努力した。

「父はヴィリーよりオットーに厳しかった。もっと優しくしてやってもいいのにと思うくらいに。オットーがかわいそうだと思うこともあったわ。」

一九六八年にオットーは埼玉工場を建て、翌年一家の思い出の残る品川の工場を廃止した。オットーは、毎朝四時に起きて埼玉の工場に通った。

ヴィリーは経営者より文学に向いていたかもしれない。

「つぶれるのは仕方がないけれど、名前まで……お父様に申し訳ない。」とフサが嘆くようなこともあったという。

「オットーは素敵だったわよ。早く亡くなって（一九九六）ね。」

と、エミーさん。

「ローマイヤー自身も素敵だったそうですね。ゲーリー・クーパーみたいだったと人は言うけれど、テアさんはポール・ニューマンに似ていたと言ってますよ。」

「ポール・ニューマンはまだいなかったわよ。」

「後から思えばでしょう。ポール・ニューマンの映画を見るとお父様を見るようだって。」

会社の経営は、変遷を経て、二〇〇〇年から、家族の手を離れた「ローマイヤ株式会社」が、創立者の哲学を継いでいる。

父のいなくなった日本をテアさんは去った。現在、かつてケルンの聖堂が見えたという閑静な住宅で暮らしている。

「父が生きていたら、貴女と気が合ったと思うわ。貴女が父に会えなくて本当に残念よ。」

と、最近、テアさんが言ってくれた。


一九七二年、埼玉工場に弟子たちが発起人になり、アウグスト・ローマイヤーのプロフィールのレリーフがついた記念碑が建てられた。

「……このようにして、師により現在のハム、ソーセージ界の基礎が築かれたのです。特に工場開設以来一九六二年一二月一九日に師が没するまでに、師から直接指導を受けた技術者は、日本人などもその数は多数にのぼり、わが業界の今日あるのも、師の功績誠に大いなるものがあります……」

小林栄次、八木下俊三をはじめ、その発起人と、記念碑の寄付者は、日本ハム・ソーセージ界の代表的な人々である。


「エミーさん、ローマイヤーを追いかけて感動させられたことのひとつは、知っていたみんなの人に好かれていたことで、私でさえ、善良さ優しさに包まれてしまいました。お父様そっくりだというテアさんを見ていると、どんな人か見えてくるのです。それにしても、これはあるドイツの生涯、まったく、ローマイヤーさんとドイツ現代史を歩いた感がありました。」

「貴女が横浜のお墓に行くとき、あたしも一緒に行くわ。」

ミュンヘンから出かけて東京で落ち合い、私はエミーさんと二人で横浜の外人墓地へ行った。横浜桜木町から「赤レンガバス」に乗り、「港の見える丘公園」で降りる。外人墓地まで数分だ。テアさんの説明どおりに行くと、お墓はすぐ見つかった。

妻のフサさんと二人の名が並んでいる。夫の死後ドイツに来たフサさんは、言葉の問題もあって、やっぱり住み慣れた日本へ帰って、夫の墓を守り、今はその側で眠っている。

「フサさんは、とってもしっかりした可愛い人でしたよ。」

エミーさんは、自分も可愛い目をくりくりっと動かした。

青山墓地で日蓮宗で埋葬されたお父さんのエミール・スクリバさん（キリスト教徒）のお墓の戒名を

見て、動かしたときの「……でしょ？」というあの目である。

ローマイヤーの墓石にはヴィリーの名も刻まれている。オーストラリアで没したこの人の髪の毛だけ入っているのだそうだ。カナダで他界したオットーの名は刻まれていない。

現在、お墓からは港は見えない。

だが、そこは、長い航海を終えたたくさんの魂の船が戻る港のように見えた。

エピローグ

第一次世界大戦で日本がドイツと戦ったことも、その戦場が中国であったことも、ほとんど忘れられている。だがどういうわけか、日本で捕虜がよい扱いを受けた話とか、「武士の情け」の類は時々語られる。そのような美談は、そういうことの好きな人に任せよう。

「ロースハムの誕生」は、あるドイツ人の生涯である。

ローマイヤーはその忘れられた戦争で捕虜になったドイツ人だ。

最近では、ありがたいことに、捕虜体験に直面する状況もなく、われわれがこの言葉から想像するのは、第二次大戦後のシベリア抑留くらいではないだろうか。

シベリアは、ドイツやオーストリアの捕虜にも未だに最終情報がないほど過酷なものだった。だが、この戦争では、例外を除いて、日本軍も捕虜を人道的に扱ったとは言えない。水や食料の不足した南の島などでは、捕虜は「始末」された。誇りの「武士道」も貧すれば鈍す。物のあるうちである。

昨今さかんに発掘されている「武士道」なるもの、どう位置づけすればいいのだろう。武士道ってなんだろう。キリスト教徒の農学者、新渡戸稲造が英語で書いた新渡戸武士道は、あるがままの「武士道」なのだろうか。西洋にいるエリート留学生が、「侮蔑された」と思って、日本のなにかを実証なしに美化しようとするコンプレックスの裏返しのような気がしないでもない。

日露戦争では、約二〇〇〇人の日本人捕虜がロシアで丁重に扱われている。労働もなく、将校には個室とロシア将校同様の給料まで支給された。病人は治療を受け、死者は埋葬され、遺骨も祖国へ返還された。この戦争では、ロシア人捕虜七万九〇〇〇人も日本で大方大事にされた。四国の松山では、人口三万人に捕虜六〇〇〇人、「町全体が捕虜の遊歩道のようになって」いたという。エルヴィン・ベルツも、ロシア人将校の捕虜と普通の列車に同乗した時の様子を日記に書いている。

その一〇年後の一九一四年、ドイツ領青島を落とした日本へ約四七〇〇人のドイツ系捕虜が輸送されてきた。彼らは捕虜歴史上最も人道的に扱われたといわれ、武士道の出番が来るのだが、それより五〇年足らず前には、刀をさした侍が往来していたのだから、わからないわけではない。だが、実際この「武士道」には前提があったのである。

――日本には、「先進国」の仲間入りをするために文明度を証明する必要があったので、ハーグ陸戦条約（一八九九年成立、一九〇七年改正）に基づいて捕虜を扱う努力をした。

たとえば、条約の第二章「捕虜」の第四条は、「捕虜は敵の政府の権内に属し、これを捕らえた個人、部隊に属するものではない。捕虜は、人道を以て扱うべし。兵器、馬具、軍用書類を除き捕虜の所有する物を没収してはならない」と定めている。

―日本はドイツに侵略されたのでなく、国内が戦場になっていない。

―日本の陸軍はドイツを師とし、その他、医学、法律、各種技術をドイツから学んだ。モルトケに推薦されたクレメンス・W・J・メッケル（一八四二～一九〇六）は、陸軍大学兵学教官だったし、フランツ・エッケルト（一八五二～一九一六）は、海軍軍楽隊や陸軍戸山学校で指導した。日露戦争の時に児玉源太郎など、メッケルと連絡をとっていたといわれる。

―日本側消息筋は、捕虜に学者、技術者、各種専門家の少なからぬことを知っていた。

―捕虜を養うだけの物資が調達できた。

このような条件がないとき、状況はどうであっただろう。

第二次大戦の捕虜の実情を見聞すると、人類に向上とか進歩があることに疑問を持ってしまう。

では、歴史的に捕虜はどう扱われてきたのだろう。

古代、被征服者は、戦闘員非戦闘員共に勝利者の意のままにされた。ギリシャ時代、奴隷として売れない者は殺された。ローマでは勝利行進の見世物になり、祝いの間に殺された。捕虜の扱いは中世まで大方こんなものだった。一二世紀にキリスト教徒の捕虜売買は禁止されたが、高貴な捕虜は味方の買戻し用に使われた。歩兵は逃がすか殺された。

ガレー船でヴェニスとジェノアの戦い（一二九八）に参加したマルコ・ポーロがジェノアの捕虜になり、同房の作家ルスティチェロ・ダ・ピサに望まれ口述したのが「東方見聞録」だから、生かされればすべての任務から外された捕虜生活は創造性をもたらしたようである。

十字軍の遠征では異教徒が相手だから、捕虜には恥の感覚がついた。捕虜はまず放置されたが、戦が長引くと解放金制度ができたという。味方に見捨てられて殺された捕虜もいる。

傭兵制度の時代、捕虜になっても給料を払い、傭兵が敵に寝返るのを防いだ。相互利益のために早期捕虜交換がさかんになった。位によって値段が決まり、交換が成立しない場合は戦闘不参加を誓わせて帰宅させた。フランス革命以降、国民が徴兵され戦力になると、捕虜の人権に関して国家間での交渉が生じた。だが、一七九四年の対英戦で、フランスは降参する英兵を、自国の罪の償いとして捕虜にする前に殺した。アメリカの南北戦争では、北軍の黒人兵が南では反乱を起こした奴隷として扱われたが、北軍でも、傷病兵は大方放置され、死を待ったという。

だが、一八五九年、ソルフェリーノの戦いを機に「人道」と呼ぶに相応しいことが起きた。「傷ついた者には、敵も味方もない」、アンリ・デュナンの「赤十字」創立である。

初出動は普仏戦争（一八七〇）である。この際、植民地のないドイツでは、フランスの植民地からの珍しい捕虜が見物人を集めた。「捕虜ツーリズム」も起きるし、人類学、言語学、音楽研究の対象ともなる。青島から多くのドイツ人捕虜が日本へ来た時も同様に、異形の外国人を初めて見た庶民は目を見張ったであろう。「動物園現象」である。

普仏戦争では四〇万人のフランス兵が捕虜になったので、宿泊、食事、監視などに困難が生じたが、問題が顕在化する前に戦争が終ったのだという。

英国の植民地戦争となると、敵味方の捕虜の扱いは複雑で、独立したテーマである。

各地の先住民同士の戦い、日本国内の戦の捕虜に関しては、今回は譲りたい。

赤十字国際委員会が一八六四年にジュネーヴ条約（戦時国際法）を作り、ハーグ条約の成立を促した。だが、条約加盟国でも、第一次世界大戦の捕虜の扱いはさまざまで、フランスの捕虜になったドイツ兵の死亡率は一六％、ドイツ側のフランス人捕虜の死亡率は六％、ロシアではドイツ、オーストリア人捕虜の二割近くは死んだといわれるが、「行方不明」が多く、最終的統計がない。日本での捕虜死亡率二％はかなりの待遇の良さを想像させる。

日本の捕虜になったローマイヤーは、同世代の仲間より運が良かったのだ。だが、西洋人でなくて、彼が日本の近隣諸国の人間であったら、どうだったであろうか？

ちなみに、朝鮮戦争の時に多くの捕虜がソ連に連れていかれたが、彼らの運命に関して最終的データは出ていないという。またヴェトナム戦争の時に技術情報を得るために「生け捕りにした」米兵の運命も不明である。

青島戦の「俘虜収容所」の中で特に評判がいいのは板東で、維新で不幸な立場にあった会津出身の松江豊寿所長の人間的収容所運営が語られている。この人の人格に関して疑問をはさむいわれはないが、出自の故にキャリア組になれなかったことが、彼をより人間的にしたかもしれない。前任地「朝鮮総督府」でも、現地の人間に同じように対していたと望みたい。ドイツでさえ、必ずしも一般的ではなかった松江の「皇帝ヒゲ」は、なにを意味するのだろう。

ローマイヤーのいた久留米収容所は、通常不評だが、ローマイヤーは久留米に対して何の不平も言い残していないだけでなく、久留米で日本滞在を決心しているのである。

ローマイヤーに関しては記録が少ない。先に進めないときに、エミーさんやテアさんが助けてくれたので、厳密でないいくつかのことと、想像しなければならなかったことが、ローマイヤーの本質を揺るがすとは思わない。

ドイツ最北の町フレンスブルグのミュルヴィク海軍士官学校に残されていた二冊のアルバムは、やはり久留米の捕虜ワルター・ローデの遺品だったが、初めて見る写真の数々に当時の青島や久留米に呼び戻される思いがした。子供の様子、茶摘の女性の明るさに感動した。それは、捕虜が見た久留米であり、心の通い合う瞬間だったはずだ。

参考文献

「久留米市文化財調査報告書、第一五三集、久留米俘虜収容所一九一四～一九二〇」／久留米市教育委員会、一九九九年。

「久留米市文化財調査報告書、第一九五集、ドイツ兵と久留米―久留米俘虜収容所Ⅱ」／久留米市教育委員会、二〇〇三年。

「カメラがとらえた久留米の一〇〇年」／久留米市教育委員会文化財保護課、平成元年。

「ドイツ兵士の見たNARASHINO 一九一五～一九二〇 習志野俘虜収容所」、特別史料展展示品目録／習志野市教育委員会生涯教育学習部社会教育課、平成一二年。

「ドイツ兵の見たニッポン」習志野市教育委員会編／丸善ブックス、平成一三年。

「習志野市史研究 3」／習志野教育委員会、二〇〇三年三月。

「板東俘虜収容所」冨田弘著／法政大学出版会、一九九一年。

「『ヒューマニスト所長』を可能にしたもの―『背景』から見た『板東収容所』」田村一朗著／鳴門教育大学社会系講座、一九九〇年三月。

「青島戦ドイツ兵俘虜収容所研究」二号／青島戦俘虜収容所研究会、二〇〇四年。

「日独戦争ノ際俘虜情報局設置並独国俘虜関係雑纂」／日本帝国俘虜情報局、大正六年改訂。

「ドレクハーン報告書」N・ドレクハーン／一九一五年。

「青島から来た兵士たち」瀬戸武彦著／同学社、二〇〇六年。

「九州日日新聞」大正三年一〇月五日～大正四年六月一〇日記事。

「福岡日日新聞」大正三年一〇月八日~大正九年一月二〇日記事。

「大阪朝日新聞」大正三年一二月一日記事。

「東京朝日新聞」大正八年一〇月一九日記事。

「読売新聞」一九八〇年一二月一八日付、「命かけた恋」。

「信濃毎日新聞」一九九五年四月一三日付、「ドイツ女性遺志生かしたブロンズ像」。

「朝日新聞」一九八七年九月三〇日付、「二つの祖国」。

「東京新聞」二〇〇〇年二月一七日付、「国産ソーセージ事始め」。

「日本経済新聞」二〇〇三年六月二三日付、堤諭吉「捕虜と女学生第九で交流」。


「俘虜収容所日誌」大正三年一一月一一日~大正四年六月九日、熊本俘虜収容所。

「熊本俘虜収容所記事」平成二年三月、猪飼隆明。

「熊本俘虜収容所服務規則」一九一四年。

「青島をめぐるドイツと日本(3) ドイツによる青島経営」瀬戸武彦/高知大学学術研究報告 第四九巻、文科学
分冊、二〇〇〇年。

『ドイツ史』林健太郎著/山川出版社、一九七七年。

『戦時下日本のドイツ人たち』上田浩二・荒井訓著/集英社、二〇〇三年。

『カール・ユーハイム物語』頴田島一二郎著/新泉社、一九七三年。

『「第九」の里 ドイツ村』林啓介著/井上書房、平成五年。

『父の過去を旅して― 板東俘虜収容所物語』安宅温著/ポプラ社、一九九七年。

『人間ゾルゲ』石井花子著／角川文庫、平成一五年。

『西部戦線異状なし』エーリッヒ・マリア・レマルク著・秦豊吉訳／中央公論社、昭和四年。

「二つの山河」中村彰彦／『オール讀物』平成六年九月号。

『トルコのもう一つの顔』小島剛一著／中公新書、一九九一年。

「アララト通信」日本アルメニア協会、二〇〇四年。

「アルメニア人ジェノサイド」／http://homepage3.nifty.com/armenia/genocide.htm
『ポーランド』河合美喜夫・高木潔著／岩崎書店、一九九一年。

『レイモンさんのハムはボヘミアの味』シュミット村木真寿美著／河出書房新社、二〇〇〇年。

「ローマイヤ　会社案内」／ローマイヤ株式会社。

『ローマイヤ　歴史と商品』（資料集）／ローマイヤ株式会社、一九九四年。

『ハムの歴史とともに五十年』／株式会社大多摩ハム小林商会、昭和三七年。

『やぎした』／株式会社ヤギシタ。

『サライ』一九九四年六月一六日号。

「味の手帳『古今東西食物語』」一九九八年四月号。

『たべもの起源事典』岡田哲編／東京堂出版、二〇〇三年。

『神奈川の老舗』田島武著／武蔵野文庫、一九六九年。

『鎌倉』創刊号／鎌倉右文社、一九二六年。

『横浜・神奈川さいしょ物語』ＮＴＴ出版、一九九六年。

『軽井沢ものがたり』幅北光著／農林漁村文化協会、昭和四八年。

『村上信夫メニュー帝国ホテルスペシャル』村上信夫著／小学館、一九九九年。

『メロンパンの真実』東嶋和子著／講談社、二〇〇四年。

『戦争と民衆』第三八号／戦時下の小田原地方を記録する会、一九九八年。

『山田耕筰さん あなたに戦争責任はないのですか』森脇佐喜子著／梨の木舎、一九九四年。

『ベルツの日記』菅沼竜太郎訳／岩波書店、昭和三〇年。

『欧州大戦当時の獨逸』ベルツ花著／非売品、一九三三年。

"In der Hand des Feindes" Rüdiger Overmann, 1999 Bolau Verlag.
"Vom Potsdam nach Tsingtau" Karl Krüger, 2001 Books on Demand GmbH.
"Die Deutschen Kriegsschiffe - Biographien, ein Spiegel der Marinegeschichte von 1815 bis zur Gegenwart" H. Hildebrand, A. Rohr, H. O. Steinmetz, 1980 Köhler's Verlagsgesellschaft.
"Chronik über die Herkunft und Genealogie der Familie Lohmeyer" 1997 R.E.W.Lohmeyer.
"Ungewöhnliche Begegnungen" Sprachzentrum für Japanisch e.V. Frankfurt/M. 2000.
"Meine Garnison Tsingtau (Belagerung und der Fall derselben) " 1975 Eugen Welti.
"Erinnerung an Tsingtau" Heinz von der Laan, 1999 OAG Tokyo.
"Mut und Übermut" Erwin Wickert, 1991 Deutsche Verlagsanstalt.
"Das Schicksal der Verteidiger von Tsingtau im Ersten Weltkrieg" (aus dem Nachlass meines Vaters) Adolf Meller, 2000.
"Tsingtau" 1998 Deutsches Historisches Museum, Berlin.

"Gefangen in Fernost: sechs Jahre im Leben des Würzburger Kaufmanns Wilhelm Köberlein" Andereas Mettenleiter, 2001 Echter Verlag.

"725 Jahre Varler Geschichte" Frieda Warner Varl, 1989.

"Sieger Zeitung " vom 6. Nov. 1957.

"Lebendiges Fleischerhandwerk - Ein Jahrhundert Deutsches Fleischerhandwerk" Deutscher Fleischer-Verband 1975.

"Lebendiges Fleischerhandwerk, vom Lehrling zum Meister in der Zunftzeit" Deutscher Fleischer-Verband 1975.

" Charaktere und Katastrophen" Eta Harich-Schneider, 1978 Ullstein.

あとがき

たくさんの写真をスキャンしてくださったフレンスブルグの海軍士官学校歴史教育課のエバーハルト・シュミットさん、ご協力いただいた久留米市の堤諭吉さん、「チンタオ・ドイツ俘虜研究会」の小阪清行さん、高知大学の瀬戸武彦先生、習志野の星昌幸さん、北京のボックホルド夫妻、日本からたくさんの資料を送ってくれた級友大原清秀さん、いつも励ましてくれたエミー・岩立＝スクリバさんやテア・ラバヌス（旧姓ローマイヤー）さん、デジカメで頑張ってくれた夫のディートリッヒ、論創社のみなさんに感謝の意を表したい。

二〇〇八年十二月一日

シュミット・村木真寿美

シュミット・村木 真寿美（むらき・ますみ）

1942年、東京生まれ。早稲田大学文学部大学院卒業後、離日。ストックホルム大学、ミュンヘン大学在学。ミュンヘンの社会福祉専門大学卒業。娘3人の母。ドイツ国籍取得。

【著書】

『飛行機はミュンヘンに着陸します』（新書館）、『ふるさとドイツ』（三修社）、『花・ベルツへの旅』（講談社）、『ミツコと七人の子供たち』（講談社と河出文庫）、『グーデンホーフミツコの手記』、『五月の寺山修司』『もう神風は吹かない』『レイモンさんのハムはボヘミアの味』『左手のピアニスト』（河出書房新社）ほか。

ロースハムの誕生 — アウグスト・ローマイヤー物語

2009年4月20日　初版第1刷印刷
2009年4月25日　初版第1刷発行

著　者　シュミット・村木真寿美
発行者　森下　紀夫
発行所　論　創　社
東京都千代田区神田神保町 2-23　北井ビル
tel. 03(3264)5254　fax. 03(3264)5232
http://www.ronso.co.jp/
振替口座 00160-1-155266
印刷・製本　中央精版印刷

ISBN978-4-8460-0833-8　C0023